环境微生物学实验教程

温洪宇　李　萌　王秀颖　主编

中国矿业大学出版社

内 容 简 介

本书内容包括三部分,即环境微生物学基础实验、环境微生物学综合实验和分子生物学实验技术。

本书结合微生物学、环境科学、环境工程等专业的特点,从学生的角度出发,力图帮助读者理解环境微生物学的相关理论知识,熟悉环境微生物学的实验设计和研究思路,掌握环境微生物学基础实验操作,并在此基础上进行综合性实验。本书结合学科发展现状,紧跟前沿,重点增强了环境微生物分子生物学实验技术的内容,从而使本书内容更为全面,可为读者提供相关环境微生物学实验的研究方法和研究技术。此外,书中对相关实验操作进行图示,使实验操作更直观、简洁,方便读者理解和掌握,实用性强。

本书可作为高等院校环境科学、环境工程以及生物科学等专业的教材,也可以为环境微生物学专业相关的研究人员和技术人员提供参考。

图书在版编目(CIP)数据

环境微生物学实验教程/温洪宇,李萌,王秀颖主编. —徐州:中国矿业大学出版社,2017.8

ISBN 978-7-5646-3492-6

Ⅰ. ①微… Ⅱ. ①温…②李…③王… Ⅲ. ①微生物学—实验—高等学校—教材 Ⅳ. ①Q93-33

中国版本图书馆 CIP 数据核字(2017)第 072629 号

书　　名　环境微生物学实验教程
主　　编　温洪宇　李　萌　王秀颖
责任编辑　周　红
出版发行　中国矿业大学出版社有限责任公司
　　　　　　(江苏省徐州市解放南路　邮编 221008)
营销热线　(0516)83885307　83884995
出版服务　(0516)83885767　83884920
网　　址　http://www.cumtp.com　**E-mail**:cumtpvip@cumtp.com
印　　刷　江苏凤凰数码印务有限公司
开　　本　787×960　1/16　**印张** 14.5　**字数** 245 千字
版次印次　2017 年 8 月第 1 版　2017 年 8 月第 1 次印刷
定　　价　28.00 元
(图书出现印装质量问题,本社负责调换)

前 言

环境微生物学是在微生物学、环境科学及环境监测等学科的基础上发展形成的一门边缘学科，在微生物学、环境科学及环境工程中有重要地位，在改善环境和消除污染方面发挥着重要作用。环境微生物学实验技术是一门实践性较强的专业课程，掌握环境微生物学相关理论和基础实验技能，对于开展相关实验研究具有重要的指导意义。但是，由于传统的限制，环境微生物学实验技术在教学方面还存在内容繁琐、操作性不强、缺乏专业性等问题，因此，环境微生物学实验技术教学要进行不断的完善。

本书按照实验之间的逻辑关系、专业特色和教学规律等，将实验内容主要分为以下三大部分：环境微生物学基础实验、环境微生物学综合实验和环境微生物学分子生物学实验技术。这三大部分既有其各自的特色，又有其内在关联。三部分内容，从前至后，由浅入深，由易到难，实验的综合水平、研究水平、技术层次和应用水平逐渐提高。

本书结合专业特点，以学生为出发点，取材广泛，紧跟学科发展步伐，内容详实，结构合理，专业性、针对性和实用性强，注重对学生实验技能和研究能力的培养。

本书由江苏师范大学资助。通过本书可以让学生更好地理解环境微生物学实验相关理论知识，掌握环境微生物学实验操作技能，明确环境微生物学的专业特色，从而培养学生对科学研究的兴趣和创新思维，提高学生的专业能力和实践能力。

由于编者理论和实践水平有限，本书存在不妥之处在所难免，敬请广大读者批评指正。

编 者

2017 年 2 月

目　　录

第一章　环境微生物学实验常用的仪器及其使用

一、超净工作台

（一）简介

超净工作台（clean bench）是实验室内提供无菌操作的设施，是针对局部工作区有高洁净度要求设计而成的，其外观如图 1-1 所示。超净工作台由工作台、送风机、过滤器、紫外灯、支撑体和静压箱等部分组成。超净工作台根据气流方向分为垂直流超净工作台和水平流超净工作台；根据操作结构分为单边操作和双边操作两种形式。超净工作台的工作原理是通过

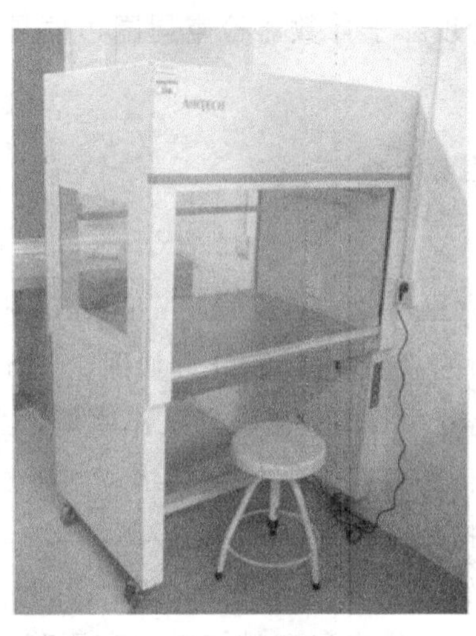

图 1-1　超净工作台

送风机将空气吸入预过滤器，经静压箱进入高效过滤器后的空气以垂直或水平的空气流送出，由于空气没有涡流，所以杂菌能被排出，不易扩散，使操作台保持无菌状态。

（二）使用方法

使用前先打开紫外灯，处理工作台和表面附着微生物，30 min 后关闭紫外灯，开启送风机，清除附着微生物的尘粒，10～20 min 后，可在工作台进行操作。操作结束后，关闭送风机，整理工作台，拉下防尘窗。

（三）注意事项

（1）超净工作台宜安置在无阳光直射、清洁无尘的室内，如果置于无菌操作间更好，能延长过滤器的使用寿命。

（2）对新购置的或长期未使用的超净工作台，使用前必须彻底清洁灭菌。用真空吸尘器除去过滤器的灰尘，用 75％的酒精擦拭工作台。若长时间不使用，应用防尘套套好，防止灰尘积累。

（3）不允许在工作区存放不必要的物品，使工作区洁净气流不受干扰。

（4）根据环境的洁净程度，定期将滤布拆卸清洗或更换。同时，用蘸有酒精的纱布擦拭紫外灯的表面，保持其洁净，以免影响其杀菌效果。

（5）当加大风机电压不能使风速达到 0.32 m/s 时，需要更换高效过滤器。更换后，需使用尘埃粒子计数器检查周围边框是否密封，再用尘埃粒子计数器检查洁净度。

二、高压蒸汽灭菌锅

（一）简介

高压蒸汽灭菌锅（high-pressure steam sterilization pot）是一个密闭的、可以承受一定压力的双层金属锅，外形如图 1-2 所示，常用于微生物实验过程中玻璃器皿、培养基等的灭菌。其工作原理是当锅体夹层内的水沸腾后，因蒸汽不能逸出，通过密封锅体内的水和水蒸气的压力来提高锅体内蒸汽温度而达到对物品灭菌的目的。

高压蒸汽灭菌锅锅盖上装有压力表、安全阀、排气阀等，锅内配有搁架、装料桶，锅底侧面装有排水口和排气阀。高压蒸汽灭菌锅可分为手提式、立式、卧式等类型，如图 1-3 所示。

图 1-2　高压蒸汽灭菌锅

(a)

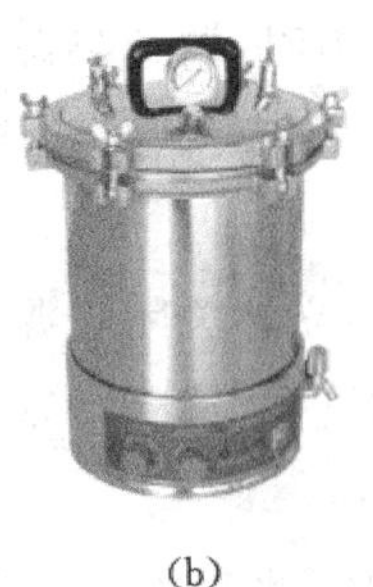

(b)

(c)

图 1-3　常见的高压灭菌锅类型
(a) 卧式;(b) 手提式;(c) 立式

（二）使用方法

1. 加水

取出装料桶,往锅内加水至与搁架圈同样高度为止。

2. 装料

放回装料桶,装入需灭菌的物品,注意物品不要放得太过拥挤,以免阻碍蒸汽流通,影响灭菌效果。放置装有培养基或溶液的器皿时,防止其倾倒或溢出。瓶塞不能贴近料桶内壁，防止降压时产生冷凝水沾湿棉塞，或冷凝水浸入棉塞从而进入灭菌物质中。

3. 加盖

将锅盖上与排气孔相连的金属软管插入装料桶的排气槽内，移正锅盖使螺口对准螺栓，以两两对称的方式拧紧螺栓，松紧一致，使锅体处于完全密封状态。

4. 排气

打开高压蒸汽灭菌锅开关，同时打开排气阀，加热沸腾后利用蒸汽排尽锅内的空气。当排气阀急速放出蒸汽并伴有吱吱作响时或锅内温度达到 100 ℃时，表明锅体内空气排尽，此时关闭排气阀。

5. 升压

当锅内空气排尽，关闭排气阀后，继续加热使锅内的蒸汽压缓慢上升，压力表指示压力逐渐增大。

6. 保压

当锅内压力达到所需压力时，调节热源，维持所需压力，同时计算灭菌时间。不同的物品所需的压力和灭菌时间均不相同。

7. 降压

达到规定的灭菌时间后，立即关闭热源，使锅内压力自然降至零压，即指针指向“0”时，方可打开排气阀，消除锅体内外的压力差。

8. 取料

打开锅盖，取出灭菌物品，此时锅体温度依然很高，蒸汽很烫，因此取物料时，可以戴上手套以防烫伤。

9. 后处理

灭菌后，倒掉锅体内剩余水并擦干，防止料桶被腐蚀。

(三) 注意事项

(1) 灭菌过程中，操作者不能擅自离开，尤其是保压和升压期间更要注意压力表的动态，避免因压力过高或安全阀故障等诱发事故。

(2) 根据待灭菌物质选择合适的灭菌温度和时间。

(3) 必须等到锅体压力自然降至零压后再打开排气阀，否则因为锅体压力突降，使锅内液体复沸腾而溢出造成危险事故。

(4) 灭菌放入物料前，必须仔细检查是否往锅内添加适量的水，如果锅内无足够的水或无水，在灭菌过程中均会引发重大事故。

三、恒温培养箱

(一) 简介

恒温培养箱主要用于实验室微生物的培养和恒温实验，如图 1-4 所示。其结构因种类不同而有所不同，加热方式也各异，有些用热空气升温，有些用水浴升温。

图 1-4　恒温培养箱

(二) 使用方法

(1) 打开外门与玻璃门，将实验物品放入培养箱，依次关上玻璃门与外门。

(2) 接通电源，打开开关。

(3) 使用相关按键，设定所需温度。

(三) 注意事项

(1) 易燃和腐蚀性物品禁止放入培养箱，以免发生爆炸。

(2) 使用培养箱时，电压要与培养箱额定电压一致，以免减少其使用寿命。

(3) 切勿把培养箱置于强酸强碱等腐蚀性环境，防止损坏相应器件。

四、恒温干燥箱

（一）简介

恒温干燥箱（图 1-5），又称烘箱，其主要作用是对玻璃器皿等耐高温物品进行灭菌处理或是对清洗后的器皿进行干燥。

图 1-5 恒温干燥箱

（二）使用方法

（1）打开烘箱，放入包装好的待灭菌或待烘干的物品，关闭烘箱。

（2）接通电源，打开开关，调节旋钮至所需灭菌温度，使温度逐渐上升至设定温度。

（3）当温度达到 160～170 ℃时，恒温调节器会自动调节控制温度，保持此温度 1～2 h。

（4）切断电源，自然降温。

（5）待温度降至 60 ℃以下，打开烘箱，取出灭菌物品。

（三）注意事项

（1）烘箱温度未降到 60 ℃以下时，不可打开箱门以免温度骤降导致玻璃器皿爆裂。

（2）灭菌温度不可超过 180 ℃，否则纸或棉线等易燃物质易焦化起火而出现事故。

(3) 待灭菌的器皿要洗净干燥,包装好后置于烘箱中,不可将含水的玻璃器皿进行干热灭菌,否则易导致器皿局部灭菌不彻底,影响实验结果。

(4) 烘箱内不宜放置过多物品,否则妨碍空气流通,导致灭菌效果不佳。

五、摇床

(一) 简介

摇床是培养好氧性微生物的小型实验设备,如图 1-6 所示,可用于种子扩大培养。常用的摇床分为往复式和旋转式。

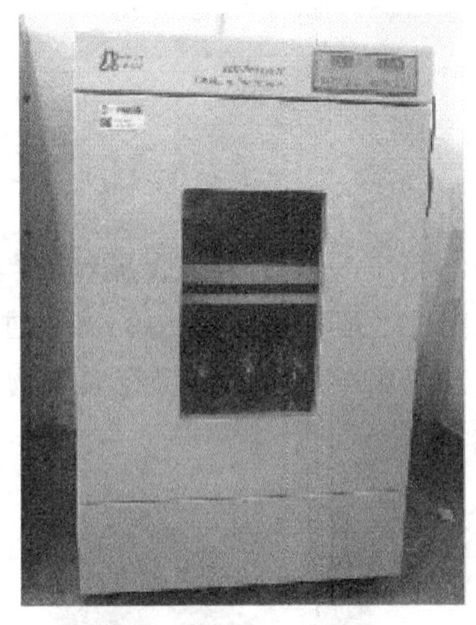

图 1-6　摇床

往复式摇床利用曲柄原理带动摇床进行往复运动,机身为矩形框,带有托盘,托盘上有圆孔用于放置培养瓶和试管等,孔内有一个凸起的三角形橡皮,有固定作用。传动机构利用二级皮带轮减速,通过调整皮带轮改变往复频率。偏心轮上有偏心孔,可调节偏心距。偏心距和频率对于培养物吸收氧有明显影响。

旋转式摇床利用旋转的偏心轴使托盘摆动,托盘由不锈钢、铝等制造,在偏心轴上装有螺栓以便上下调节,使托盘处于水平状态。

(二) 使用方法

(1) 将培养瓶放在摇床上,培养液所需氧气由空气经棉塞进入。

(2) 接通电源，打开开关，根据培养物需求，设定相关参数，启动摇床。

(3) 培养完毕后，关闭开关，取出培养物。

(三) 注意事项

(1) 一般情况下，摇瓶的氧吸收率取决于摇床的特性和培养瓶的装量。

(2) 使用往复式摇床时，如果培养瓶装量过多、摇床频率过快或冲程过大，将会导致培养液沾到棉塞上，引起污染，影响后续实验。

(3) 旋转式摇床结构复杂，但传氧效果好，培养液一般不会沾到培养瓶瓶塞上。

(4) 使用摇床的过程中，氧的传递效果与培养瓶瓶口大小、棉塞紧实与否有关。

六、冰箱

(一) 简介

微生物实验室中冰箱主要用于菌种保藏、培养基和试剂的保存等，如图 1-7 所示。其分为普通冰箱和超低温冰箱，实验过程中，根据需求选择相应的冰箱类型。普通冰箱用于短时间内保存实验物品，超低温冰箱用于长时间保存菌种和细胞。

图 1-7　冰箱

（二）注意事项

（1）冰箱应置于阴凉干燥处，并与墙壁保持一定距离，远离热源。

（2）使用前，检查冰箱电压是否与供应电压一致。

（3）打开冰箱门时，要尽快放入或取出物品，操作迅速，温度过高的物品不可放入冰箱。

（4）冰箱应定期进行清洁整理，防止杂菌污染。

七、分光光度计

（一）简介

分光光度计常用于核酸、蛋白质及细菌浓度的定量分析，如图 1-8 所示。下文简要介绍 721 型分光光度计的使用方法。

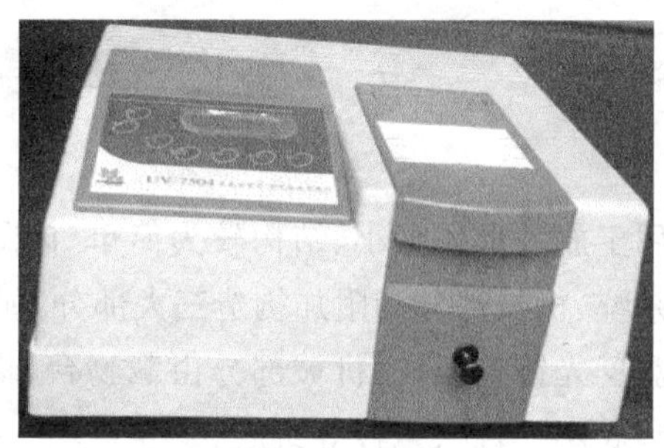

图 1-8　分光光度计

（二）使用方法

（1）检查零刻度线：在仪器通电之前，使用校正螺丝让指针指向“0”刻度线。

（2）校准仪器：接通电源，打开比色皿箱盖，把装有参比溶液的比色皿放入比色皿架内，选择波长，灵敏度调为“1”，并让透光率旋钮指向“0”，盖上暗箱盖，拉动比色皿架拉杆，使比色皿位于光路中，调节透光率旋钮指向“100%”。

（3）预热 20 min。

（4）测定标准溶液的吸光度：将标准溶液移入比色皿中，在透光率稳定的条件下，选定测定波长，拉动拉杆，让溶液位于光路中，测定其吸光度。

（5）绘制标准吸收曲线：以标准溶液浓度为横坐标，吸光度为纵坐标，绘制标准曲线。

(6) 测定待测溶液的吸光度:测定待测溶液的吸光度,将其在标准曲线上标注出来,找出对应的浓度,即为待测溶液的浓度。

(三) 注意事项

(1) 比色皿的清洁与否直接影响测得的实验数据,因此,使用前必须保证比色皿的洁净。使用后的比色皿应立即用自来水冲洗,然后用蒸馏水冲洗,倒置于滤纸上,控干水分后收纳于相应的比色盒中。

(2) 实验过程中,不可用手碰触比色皿的光面。

(3) 倒入比色皿的溶液不可过多,防止其溢出影响比色结果。

(4) 分光光度计应和与其配套的比色皿一同使用。

(5) 预热是使用分光光度计的重要步骤。

八、光学显微镜

(一) 简介

光学显微镜用于放大形体微小、结构较为简单、肉眼看不到的微生物。其结构包括光学系统、机械部分和附加构造三大部分,如图 1-9 所示。光学系统由目镜、物镜、反光镜等组成;机械部分由载物台、物镜转换器、粗准焦螺旋、细准焦螺旋、底座、镜筒、镜臂等组成。

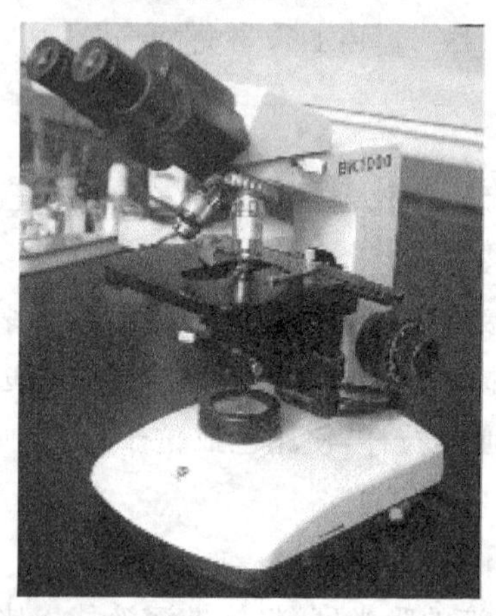

图 1-9 光学显微镜

（二）使用方法

1. 对光

自然光线下，使用平面反光镜；弱光源处，使用凹面反光镜。转动光圈也可调节光线强弱。观察染色标本时，光线应亮些；观察无色或未染色标本时，光线应暗一些。

2. 观察

将标本置于载物台上，用夹片固定，先用低倍镜在视野中找到标本，换成高倍物镜观察。若使用油镜进行观察，需要在标本上滴加一滴香柏油，调节载物台，使物镜接触标本上的香柏油，但不可碰触玻片，使用粗、细准焦螺旋至视野清晰。

（三）注意事项

(1) 物镜和目镜必须保持清洁无污渍，使用油镜观察结束后，立即用擦镜纸蘸取少许二甲苯擦除香柏油，再用干净的擦镜纸擦干。

(2) 调节粗、细准焦螺旋时，旋转幅度不可过大、动作不可过猛，否则会损坏仪器。

(3) 观察结束后，将物镜旋转呈"八"字形，使之不对准通光孔。

九、离心机

（一）简介

微生物实验室中的离心机主要用于离心获取菌体或是将悬浮液中的固体与液体分离，如图 1-10 所示。离心机的工作原理是利用离心力来分离液体与固体颗粒或互不相溶的液体混合物。

图 1-10　离心机

（二）使用方法

(1) 打开离心机盖，检查仪器的整体情况。

(2) 将平衡好的离心管放入离心室，使离心管两两对称平衡。

(3) 盖上离心机盖。

(4) 开启电源,设定转速和离心时间,运行。

(5) 离心结束后,让离心机自然降速直至停止,关闭电源,待离心机停止运行后,打开离心机盖,轻轻取出样品。

(三) 注意事项

(1) 必须将离心管平衡后才能放入离心室内,保证离心机转轴平衡受力。

(2) 离心过程中严禁打开离心机盖,否则将会造成严重事故。

(3) 平衡时,连同离心管外套管一起称重平衡。

(4) 根据待离心样品选择合适的离心转速和离心时间。

第二章　环境微生物学基础实验

实验一　常用玻璃器皿的清洗和包装

一、实验目的

(1) 熟悉实验室内常用的玻璃器皿的名称和规格。

(2) 掌握常用玻璃器皿的清洗和包装方法。

二、实验原理

为保证微生物实验的顺利进行,微生物实验室内使用的玻璃器皿使用前必须清洗干净。对于无菌实验,有些玻璃器皿清洗烘干后还须进行包装和包扎等,经灭菌后才可使用。本实验内容是进行微生物实验前的准备工作,必须谨慎对待,若操作不规范将直接影响实验结果。

三、实验材料

培养皿、试管、移液管、锥形瓶、清洗工具(试管刷等)、去污粉、棉花、纱布、报纸、牛皮纸、皮筋等。

四、实验步骤

(一) 玻璃器皿的清洗

1. 旧玻璃器皿的清洗

(1) 一般的玻璃器皿如无病原菌或未被菌体污染,可用去污粉或洗洁精进行刷洗，再用清水冲洗干净。

(2) 带活菌的玻璃器皿，需经过消毒或高温灭菌后才可进行刷洗。

(3) 带菌载玻片和盖玻片，使用后应立即放入 0.25%新洁尔灭溶液中或 5%石炭酸溶液中消毒 24 h 后，用镊子取出在清水中冲洗干净。

(4) 用过的器皿最好立即清洗。

(5) 清洗干净的器皿壁上水均匀分布且无水珠存在。

2. 新购置玻璃器皿的清洗

将器皿放入 2%盐酸溶液中浸泡两至三小时，除去玻璃器皿上残留的碱性物质，再用清水冲洗干净。对于体积较大的玻璃器皿，应先用上述盐酸溶液浸湿其内外表面，再进行浸泡和冲洗。

3. 培养皿的清洗

带有含菌琼脂培养基的器皿可以先将培养基剔出，或者加热使培养基融化后倒出，然后用去污粉或洗洁精进行清洗，再用自来水冲洗，最后用蒸馏水清洗 2～3 次(防止留下水痕)。若培养基带有致病菌，该培养皿应经过高压蒸汽灭菌后才可刷洗。冲洗干净后，将培养皿全部倒扣在桌面上，摆放整齐，晾干。

4. 移液管的清洗

使用过的移液管应在石炭酸溶液中浸泡过夜，或经高压蒸汽灭菌后再进行清洗，最后用蒸馏水冲洗干净，晾干或烘干备用。微量移液管又称移液枪，用来吸取微量液体，其特点是量程在一定范围内可调，容量固定、准确，操作方便，安装与之相匹配的枪头后即可使用。如无特殊要求，枪头可经清洗灭菌后再次使用。

5. 试管和锥形瓶的清洗

使用过的试管或锥形瓶，用毛刷蘸取去污粉或洗涤剂去除污渍后用自来水冲洗干净，再用蒸馏水冲洗 2～3 次。洗净的试管或锥形瓶倒置晾干或烘干后备用。

6. 盖玻片和载玻片的清洗

用过的玻片如有油污，应先用纸擦净后再在肥皂水中浸泡 2 h 或煮沸 5～10 min，用自来水冲洗干净，最后用蒸馏水冲洗 2～3 次，待其干燥后放在 95%的酒精溶液中保存备用。

（二）清洗后玻璃器皿的干燥

清洗干净的玻璃器皿可置于相应架子上自然控干水分。如若急用，也可将相应的玻璃器皿放在烘箱中(80～120 ℃)烘干水分，待温度降至 60 ℃后方可取出器皿。

（三）玻璃器皿的包装和包扎

1. 培养皿

在微生物实验中培养皿是用于盛放培养基制作相应微生物生长所需平板的器皿，可用于菌种的分离纯化、抗生素和噬菌体效价的测定以及活细胞计数等。实验室常用的培养皿皿底直径 90 mm，高 15 mm。

进行培养皿包扎时，将洗净烘干的培养皿 8～10 套为一组叠放整齐，用报纸包装成一筒状，或直接放入特定的不锈钢套筒中进行灭菌。操作过程如图 2-1 所示。

2. 移液管

移液管可用于吸取转移溶液和菌悬液等，常用规格有 1 mL、2 mL、5 mL、10 mL 等。

进行移液管包扎时，在洗净烘干的移液管吸口处塞入长为 0.5～1 cm 的普通棉花，松紧合适，用以阻挡杂菌，防止污染。灭菌前，可以将多支吸口处塞好棉花的移液管尖端朝下放入玻璃或铜制的圆筒中，盖上筒盖，然后在玻璃筒外包上牛皮纸后进行灭菌。

若单支移液管包扎灭菌，首先将报纸裁剪成宽为 5 cm 左右的长条，其中一端折成长度约为 4 cm 的双层区域。然后将移液管尖端放在双层区域上，使移液管和纸条夹角保持在 30°～40°，滚卷移液管，使纸条呈螺旋状包裹住移液管，并让纸条留有一定长度用于打结，防止纸条散开，并标记移液管容量。最后将多支包扎好的移液管用报纸或牛皮纸包扎成捆后再进行灭菌。操作过程如图 2-2 所示。

3. 试管和锥形瓶

根据尺寸不同，试管可分为大试管、中试管、小试管。不同规格的试管有不同的用途。大试管和中试管可用于制作斜面培养基、盛放液体培养基、稀释菌悬液或微生物振荡，小试管主要用于细菌发酵或血清学实验。锥形瓶多用于盛放培养基、摇瓶发酵液和生理盐水等，其规格一般有 100

步骤 1 将 10 个培养皿摆放整齐

步骤 2 将培养皿放在双层报纸一侧的中央

步骤 3 将两侧的报纸折叠出三角形向前转半圈

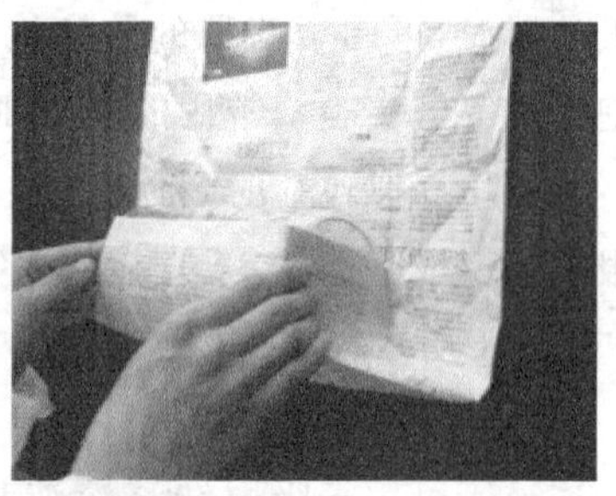
步骤 4 把培养皿两侧的报纸折进来

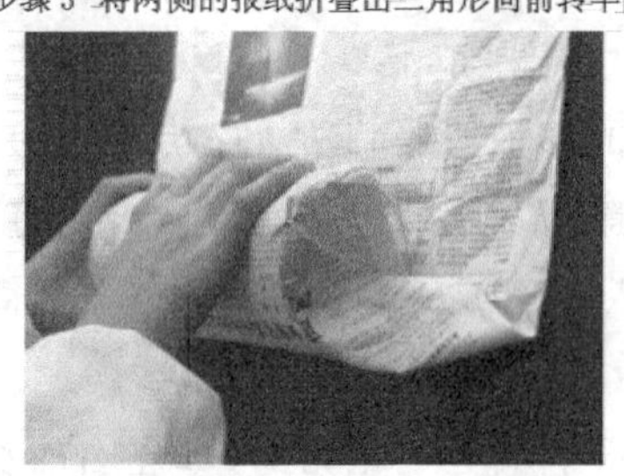
步骤 5 把报纸一端折下

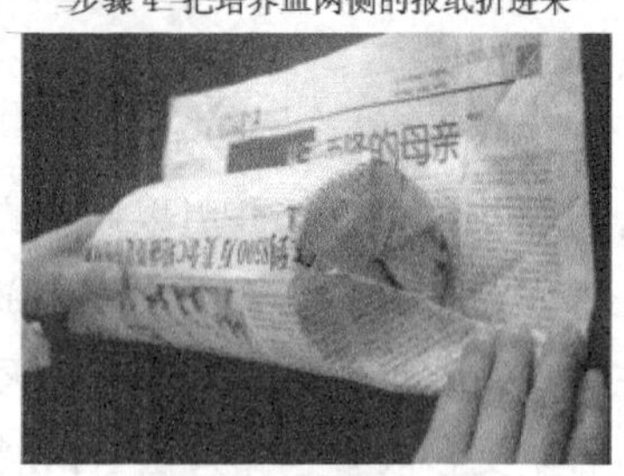

步骤 6 另一端继续折压紧实

步骤 7 将最后的折角塞入纸内

步骤 8 培养皿包扎完成

图 2-1 培养皿的包扎过程

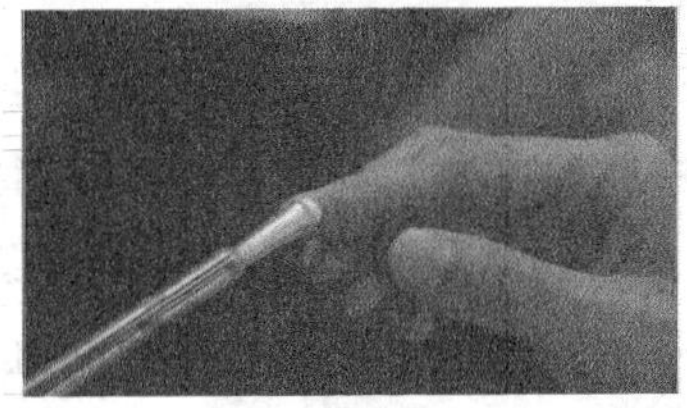

步骤 1　在移液管的平口塞入 0.5～1 cm 的普通棉花

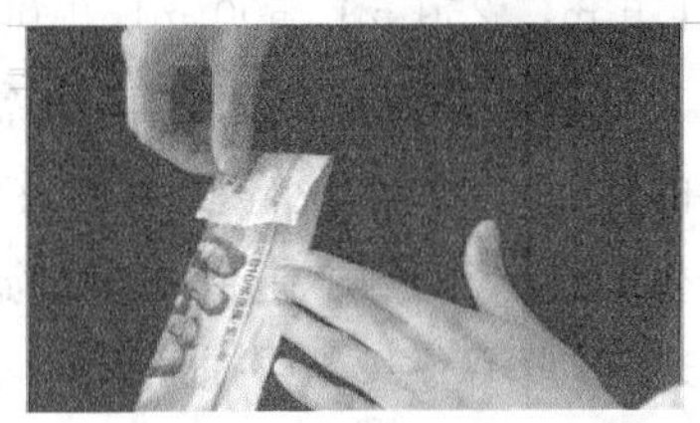

步骤 2　将报纸裁剪成宽为5 cm左右的长条，其中一端折成长度约为 4 cm 的双层区域

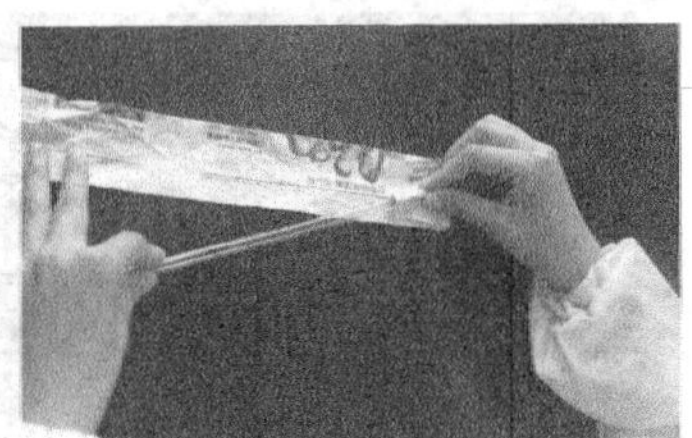

步骤 3　将塞好棉花的移液管的尖端放在报纸长条双层区域，移液管和纸条夹角在 30°～40°

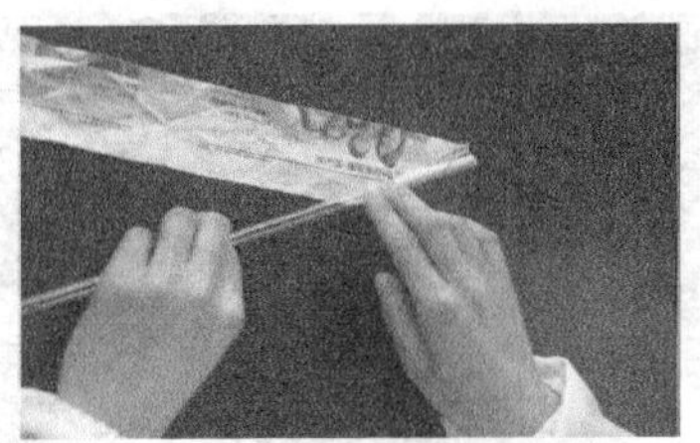

步骤 4　用双层区域的报纸包住移液管尖角

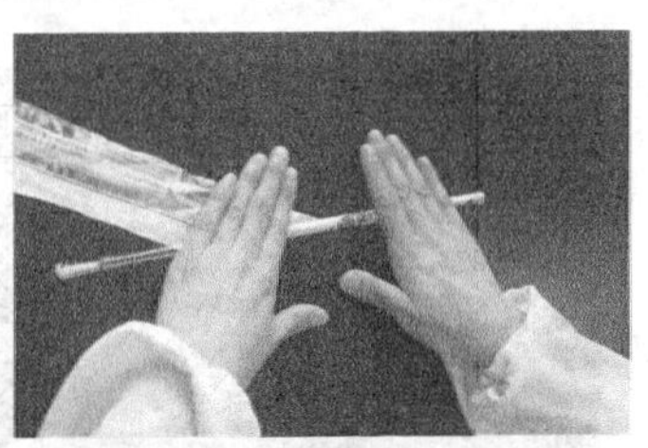

步骤 5　在实验台上，以螺旋式滚卷移液管，使纸条包裹住移液管

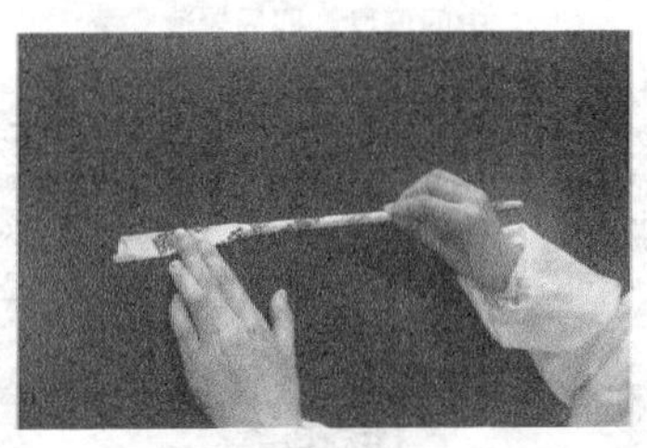

步骤 6　将剩下的纸尾压平

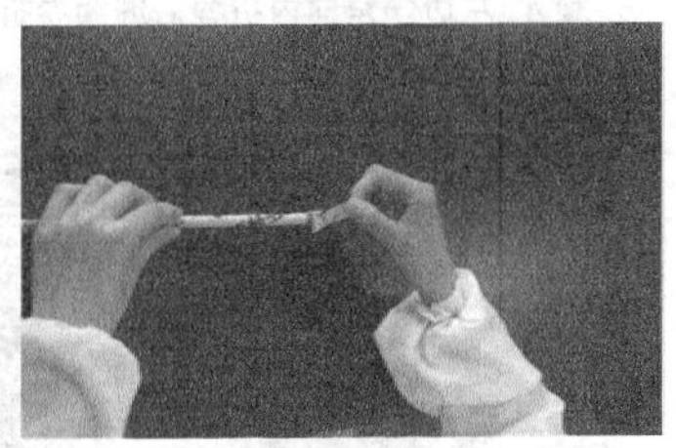

步骤 7　将纸尾打结

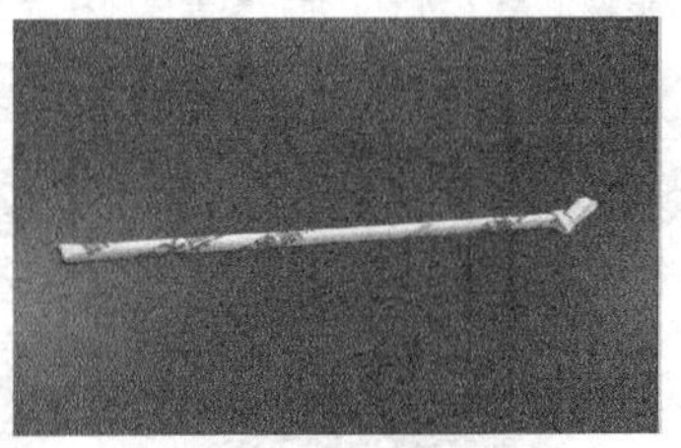

步骤 8　移液管包扎完

图 2-2　移液管的包扎过程

mL、150 mL、250 mL、500 mL、1 000 mL。

在试管和锥形瓶灭菌之前，均需在试管口或锥形瓶瓶口盖上硅胶塞或制作的棉塞(一般来说硅胶塞的透气性不如棉塞)。棉塞可以阻挡空气中的微生物进入容器内，起到一定过滤作用。棉塞要紧贴玻璃内壁，无缝隙，松紧合适，过紧不易塞入或损坏管口，过松容易脱落和污染。棉塞的直径和长度一般由试管口或锥形瓶瓶口大小而定，棉塞长度不小于管口直径的两倍。制作棉塞时将 3/5～2/3 的棉塞塞入口内。棉塞的制作方法如图2-3所示。

步骤 1 棉花展开成近似方形，中间偏厚，四周较薄

步骤 2 将棉花的一角向内折起

步骤 3 将下边的一角折叠卷成圆柱状

步骤 4 左边一角向内折叠后继续卷折成型

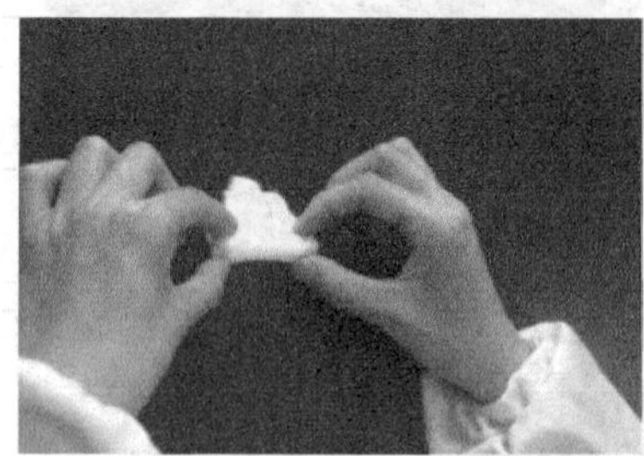

步骤 5 将棉塞外的棉絮缠绕在棉塞上

步骤 6 棉塞制作完成

图 2-3 棉塞的制作示意图

(1) 根据管口大小,取普通棉花(非脱脂棉)制作棉塞,使其大小适合试管口或锥形瓶口。

(2) 将棉花展开成近似方形,使其中间偏厚,四周较薄。

(3) 将近似方形的棉花的一角向内折起,形状呈现五边形。

(4) 将五边形下边的一角折叠卷成圆柱状,注意使柱状内棉花紧实些。

(5) 在呈圆柱状棉花的基础上,将左边一角向内折叠后继续卷折棉花成型,然后将棉塞外的棉絮缠绕在棉塞上,使棉塞外部平整圆润。

洗净烘干的试管加塞后,可以单独包扎,也可用皮筋包扎成捆后用报纸或牛皮纸包住试管,再用皮筋扎紧。如果成捆的试管中间有部分试管易滑落,可以先用皮筋将易滑落的中间位置的试管和其旁边的试管捆好后再进行包扎成捆。操作过程如图 2-4 所示。

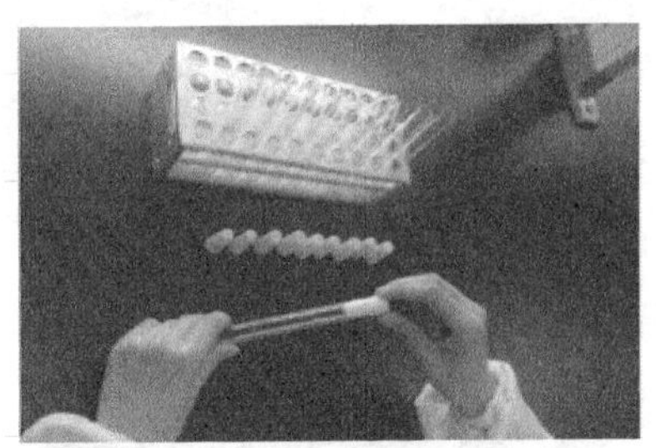

步骤 1 给洗净烘干的试管加塞

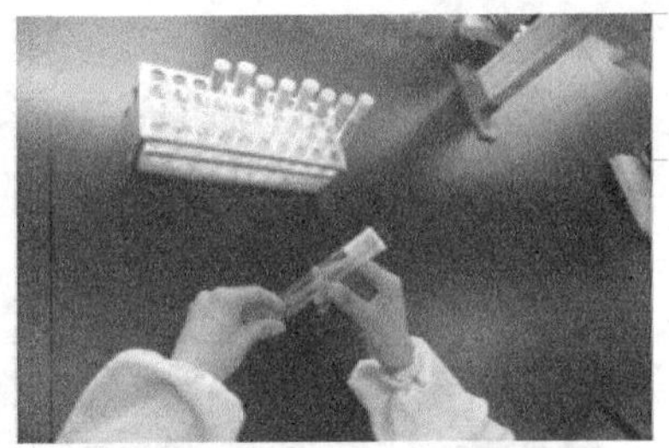

步骤 2 先用皮筋将易滑落的中间位置的试管扎紧

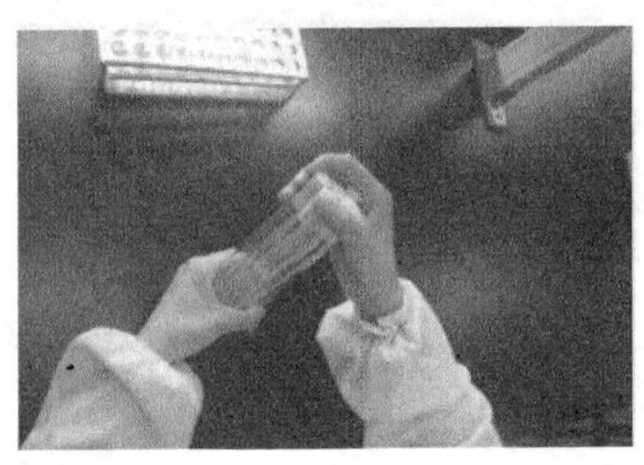

步骤 3 步骤 2 的试管放在中间位置

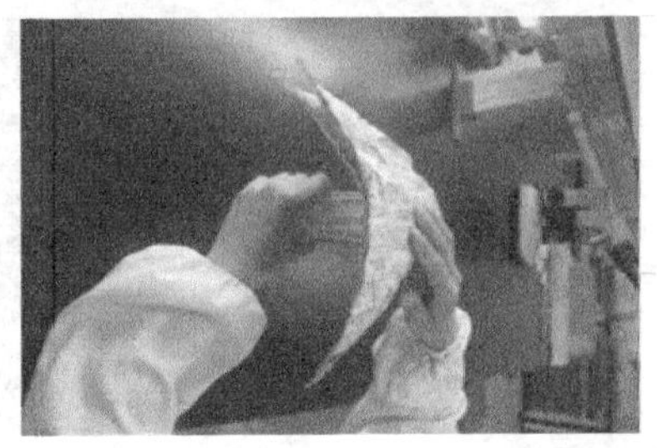

步骤 4 用双层报纸或牛皮纸包装

图 2-4　试管的包扎

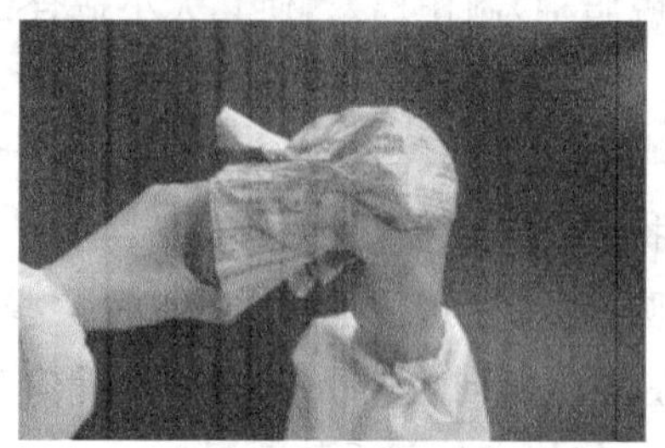

步骤5 最后用皮筋包扎成捆

步骤6 完成试管的包扎

续图 2-4 试管的包扎

洗净烘干的锥形瓶加塞后，用报纸或牛皮纸包好，再用皮筋捆紧，保证瓶塞被完全包裹住。操作过程如图 2-5 所示。

步骤1 给洗净烘干的锥形瓶加塞

步骤2 用双层报纸或牛皮纸包装

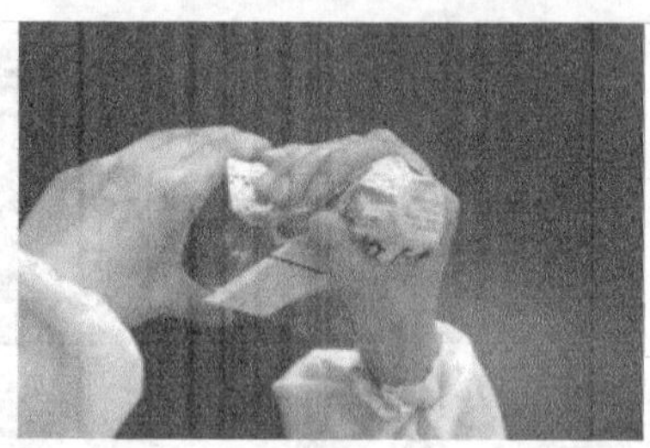

步骤3 用皮筋包扎缠绕

步骤4 完成锥形瓶的包扎

图 2-5 锥形瓶的包扎

实验二　培养基的种类、配制及灭菌

一、实验目的

（1）了解微生物培养基的用途、种类和配制原理。

（2）掌握微生物培养基的配制方法和灭菌方法。

二、实验原理

培养基是根据微生物正常生长繁殖或代谢产物累积的需要，用人工方法配制的营养基质。把培养基置于一定容器中，就能为微生物提供一定的生长繁殖的环境。在配制培养基的过程中，由于营养物质组成和容器可能含有微生物，因此，配制好的培养基必须立即灭菌，否则，其中含有的微生物在生长繁殖过程中会消耗培养基内的营养成分，影响后续实验。

掌握培养基的配制及灭菌方法是微生物学实验的基本技能之一。人工配制培养基是为了给微生物生长代谢创造一个较为良好的条件，为培养、分离、纯化、鉴定和保藏微生物提供基本实验条件。由于微生物具有不同的营养类型，对营养物质的需求也不尽相同，因此，培养基的种类也有很多。此外，根据实验目的和研究方法的不同，培养基的组成也有差异。不同的微生物对环境的 pH 值要求也不尽相同，如细菌和放线菌的培养基一般偏中性和弱碱性，真菌的培养基一般偏酸性。但是不同的培养基均应满足其特定的微生物的生长繁殖需要的碳源、氮源、水、无机盐、生长因子以及微量元素等。另外，培养基还应有一定的渗透压、缓冲能力和氧化还原电位等，并保持无菌状态。

针对不同的微生物，应选择不同的培养基。培养分离异养微生物时，一般细菌常用牛肉膏蛋白胨培养基，放线菌常用高氏Ⅰ号培养基，霉菌、酵母菌常用马铃薯培养基（PDA）。

（一）培养基的主要成分

1．水

水是构成微生物细胞的重要成分，占其含量的 70％～90％，有重要的生理功能。微生物细胞内进行的代谢合成都是在水溶液状态下完成的,而且,大部分营养物质都要先溶于水才能被微生物利用。因此,水是微生物生命活动的必需条件。配制培养基可以用自来水或者蒸馏水。自来水含有的微量杂质可作为营养物质被微生物吸收利用。蒸馏水不含杂质,可以保证实验结果的准确性。

2. 碳源

碳源是微生物的重要营养物质,是微生物细胞的主要组成成分,用于合成细胞组成物质,提供微生物生命活动所需能量。配制培养基所用的碳源很多,葡萄糖是主要的碳源,其他糖类如淀粉、纤维素、麦芽糖、蔗糖,以及脂肪、蛋白质、有机酸烃类、醇类等也可作为碳源。

3. 氮源

氮源是细胞蛋白质的主要组成成分。除了部分固氮微生物能够利用气态氮源,其他微生物都只能利用化合氮作为氮源。配制培养基所用的氮源主要分为无机氮源和有机氮源两种,无机氮源主要有铵盐和硝酸盐等,有机氮主要有牛肉膏、蛋白胨、氨基酸和酵母膏等。此外,一些含蛋白质较高的农副产品,如豆饼粉、花生饼粉、鱼粉等也可为微生物提供氮源。

4. 无机盐

许多矿物质是微生物的生理调节剂或是酶的组成成分,如钙、镁、铁、磷等。配制培养基时,一般用这些元素的盐,如硫酸镁、氯化铁、磷酸氢二钾、硫酸亚铁、硫酸锰等作为矿物质营养。用天然植物性或动物性物质制备培养基,由于物质本身含有矿物质元素,所以不添加或只添加少量无机盐。除有特殊的营养需求,配制培养基时一般不添加微量元素,因为组成培养基的其他营养物质或者天然水就可满足微生物生长繁殖所需的微量元素。

5. 生长因子

部分微生物在培养过程中还需添加生长因子,如维生素、氨基酸等,这些生长因子具有维持微生物正常生长代谢的作用。在配制培养基时,组成培养基的其他营养物质如牛肉膏、蛋白胨、豆饼粉等,就可以提供微生物生长代谢所需的生长因子。

(二) 培养基的分类

依据不同的分类标准可将培养基分成许多不同类型。

1. 根据培养基的物理状态分类

根据培养基的物理状态可将培养基分为固体培养基、半固体培养基和液体培养基，而培养基的物理状态取决于培养基中加入的凝固剂的量。

(1) 固体培养基

呈现固体状态的培养基是固体培养基，即在液体培养基中加入适量的凝固剂便得固体培养基。常用的凝固剂有琼脂条、琼脂粉、硅胶、明胶等，其中琼脂是最常用的凝固剂。琼脂的熔点是 96 ℃以上，凝固点是 42 ℃以下，反复溶解后，其性质不变。琼脂溶于水冷凝后，会形成透明的胶冻。用琼脂制成的培养基便于观察微生物的外观形态。实验中，琼脂的含量一般在 1.5%～2.0%，其用量的多少直接关系到培养基的硬度和保水性。实验中，根据实验需求适当地调整琼脂的用量。明胶一般在 25 ℃以上融化，22 ℃以下即凝，一般不作为常用凝固剂。但明胶制作的培养基常用于穿刺培养，观察微生物对明胶的液化情况，明胶用量一般在 10%～12%，甚至更多。分离自养微生物一般用硅胶作为凝固剂，用量一般为 5%～6%。

固体培养基根据实验目的不同可以制成多种形式，一般常制作成平板和斜面。微生物在平板和斜面的表面繁殖即可形成肉眼可见的菌落。固体培养基常用于菌种的培养、分离、筛选、菌种保藏和活菌计数等。

(2) 半固体培养基

在液体培养基中加入少量凝固剂制成的质地柔软的半固体培养基，使其倒入容器后不流动，经剧烈振荡后可破散。对于半固体培养基一般加入 0.2%～0.5%的凝固剂。此类培养基主要用于穿刺培养，观察微生物的运动能力。有运动能力的细菌，经穿刺线向外活动；无运动能力的微生物只在穿刺线内生长繁殖。半固体培养基也可用于观察细菌对糖的发酵情况，发酵过程中产生的气体可以保留在半固体培养基内便于观察和识别。

(3) 液体培养基

把培养基的各种成分溶于适量的水中，不加凝固剂，制成的液体状培养基即为液体培养基。液体培养基组分均匀，微生物在液体培养基中生长繁殖时，可以均匀地接触到营养物质，利于微生物的生长和代谢产物累积。实验室中，液体培养基常用于观察微生物的生长特性，好氧微生物在液面形成膜、环和岛等，培养基透明；厌氧性或兼性厌氧微生物在培养过程中出现浑浊或是沉淀。工业上,液体培养基主要用于微生物的鉴定、生理生化反应、大规模增菌以及微生物的好氧发酵等,但需要解决通气问题,满足微生物对氧气的需要,一般采用搅拌和振荡的方式增加溶氧。

2. 根据培养基的组成成分分类

(1) 天然培养基

利用生物组织、器官及其制品或浸取物制成的培养基,即为天然培养基。此类培养基的主要成分由不完全明确的天然物质组成,如牛肉膏、蛋白胨、玉米汁、豆芽汁、马铃薯、血清等,因此配制时每次所用的材料也不完全相同。此类培养基的特点是价格低廉、取材广泛、配制方便、营养丰富,主要用于工业上大规模培养微生物及发酵生产。

(2) 合成培养基

利用化学成分完全明确的化学物质配制而成的培养基即为合成培养基,又称化学限定培养基。合成培养基的成分及成分数量十分精确,如培养霉菌的察氏培养基和培养放线菌的高氏Ⅰ号培养基。合成培养基的价格较高,且培养微生物速度较缓慢,一般将其用于要求较高的实验研究中,如代谢、生理、生化、菌种鉴定等实验。

(3) 半合成培养基

天然物质和化学物质共同组成的培养基是半合成培养基,即采用天然物质作为生长因子和氮源,再加入成分明确的化学物质作为碳源和无机盐制成。如马铃薯蔗糖培养基中加入了蔗糖和马铃薯,蔗糖成分明确,马铃薯成分复杂而有变化。此类培养基是应用最广泛的一类培养基。

3. 根据培养基的用途分类

(1) 基础培养基

大多数微生物的基本营养物质都是相似的。基础培养基是含有一般微生物生长需要的基本营养物质的培养基。如牛肉膏蛋白胨培养基,其中含有多数有机营养型细菌所需的营养成分,适用于细菌的培养。马铃薯葡萄糖琼脂培养基和麦芽汁琼脂培养基都可用于酵母和霉菌的培养。此外,根据某些特殊需求,可在基础培养基内加入所需的营养物质,制成特殊培养基,满足实验需要。

(2) 选择培养基

在一定的培养基中加入特殊的营养物质或者去除某些物质，利于微生物的生长或者抑制其他微生物生长，从而将目标微生物分离出来的培养基。选择培养基根据微生物对营养成分的特殊需求或对某些理化条件的敏感性不同设计而成。根据培养基成分的不同又可分为营养选择培养基和抑制选择培养基。

营养选择培养基是根据微生物所需的特殊营养设计而成的。环境工程微生物中某些降解菌分离培养基，如以表面活性剂作为唯一碳源的表面活性剂降解菌分离培养基，以纤维素作为唯一碳源的纤维素降解菌分离培养基，这些培养基含有特定微生物可降解的营养物，利用微生物生长繁殖来降解污染物，而其他不能降解污染物的微生物受到抑制无法生长，进而将目标微生物分离出来。营养选择培养基上生长的微生物仅为营养需求相近的微生物，并非微生物学上的纯种，其选择性是相对的，除营养条件外，微生物对温度、pH 值、氧化还原电位等要求也不相同。

抑制选择培养基是含有对目标微生物无不良影响、对某些微生物无营养作用但对非目标微生物有抑制或致死作用的培养基。在培养基中加入青霉素等，可抑制细菌生长；在培养基中加入碱性染料结晶紫可抑制革兰氏阳性菌的生长，便于分离革兰氏阴性菌；筛选含有重组质粒的工程菌时，加入相应抗生素，利用质粒带有的对某抗生素的抗性标记，抑制重组菌生长，筛选出重组菌株。

(3) 加富培养基

在培养基中加入相应的利于某种微生物生长繁殖的营养物质，使得该微生物生长速度加快，进而在菌群中占有生长优势的培养基即为加富培养基。利用加富培养基培养微生物又叫作富集培养。选择培养基和加富培养基的不同之处在于，选择培养基是利用一定方法保证目的菌生长、抑制非目的菌生长，进而分离出目的菌的培养基；而加富培养基是利用增加目的菌的营养物质，使目的菌快速繁殖，在数量上占有优势，从而将其分离。

(4) 鉴别培养基

鉴别培养基是在基础培养基中加入特殊化学物质，利用微生物的某些代谢产物与特殊化学物质发生某种特定反应，根据反应特征鉴别微生物的培养基。如在鉴定大肠杆菌过程中使用的伊红美蓝培养基即为鉴别培养基，培养基中的伊红和亚甲基蓝两种染料在较低 pH 值时结合形成沉淀，有产酸指示剂的作用，且大肠杆菌在此培养基上生长时会出现红色或深紫色带金属光泽的菌落。

（三）培养基的配制流程

（1）称量药品；

（2）溶解；

（3）调节 pH 值；

（4）过滤澄清（一般情况下可省略该步骤）；

（5）分装；

（6）加塞；

（7）包扎；

（8）灭菌。

三、实验材料

（1）玻璃器皿：培养皿、试管、移液管、锥形瓶、漏斗、烧杯（搪瓷烧杯）、玻璃棒、量筒。

（2）试剂和药品：1 mol/L NaOH 溶液、1 mol/L HCl 溶液、琼脂、配制培养基所需药品。

（3）仪器：烘箱、电子天平、加热磁搅拌器、高压蒸汽灭菌锅。

（4）其他用具：钥匙、称量纸、pH 试纸、棉花、纱布、皮筋、试管塞、报纸、牛皮纸、记号笔、乳胶管、弹簧夹、铁架台等。

四、实验步骤

（一）牛肉膏蛋白胨培养基的配制

牛肉膏蛋白胨培养基是一种广泛应用于培养细菌的基础培养基。

固体培养基配方：牛肉膏 0.3 g，蛋白胨 1 g，NaCl 0.5 g，琼脂 1.5～2.0 g，水 100 mL，pH 值 7.2～7.4。

液体培养基配方：牛肉膏 0.3 g，蛋白胨 1 g，NaCl 0.5 g，水 100 mL，pH 值 7.2～7.4。

配制方法：

(1) 称量药品:取少于配制总量的水置于烧杯中,根据实际用量按培养基配方称取各药品,逐一加入烧杯中。牛肉膏可用小烧杯称量,也可用称量纸称量,随即放入水中,待加热后,牛肉膏便会与称量纸分离,再立即取出称量纸。

(2) 加热溶解:将烧杯放在石棉网上(搪瓷烧杯可直接加热),用小火加热,并不断搅拌,加快药品溶解,然后在烧杯中加水至配制培养基所需的量。

(3) 调节 pH 值:用 pH 试纸检测培养基的 pH 值,若培养基偏酸性,则用 1 mol/L NaOH 溶液调节 pH 值至 7.2～7.4。为了防止调节时偏碱,应缓慢滴加 NaOH 溶液,并搅拌均匀,然后再用 pH 试纸检测培养基的 pH 值。

(4) 过滤:若配制出透明清澈的液体培养基,则用滤纸过滤;固体培养基可用 4 层纱布趁热过滤。但对于一般使用的培养基,该步骤可以省略。

(5) 分装:将配制好的培养基分装于相应的玻璃器皿内,等待灭菌。若分装入锥形瓶内,锥形瓶内培养基的装量一般为总容积的 1/2～3/5,装量过多的话易导致灭菌过程中培养基因沸腾污染棉塞或导致瓶内培养基染菌。若分装入试管内,制作斜面培养基时,其装量不应超过试管高度的 1/5。分装时右手控制弹簧夹,左手持试管,让培养基一次流入试管内,防止培养基沾到试管口染菌。

(6) 加塞:锥形瓶和试管口都应塞上普通棉花制作的棉塞,制法见第二章实验一常用玻璃器皿的清洗和包装。棉塞的大小、形状和松紧度要适中,四周紧贴管壁,无缝隙,防止杂菌进入并利于通气。加塞时,要使棉塞的 3/5 塞入瓶口或试管口,以防棉塞脱落。

(7) 包扎:加塞后,在锥形瓶棉塞外包上双层报纸或者一层牛皮纸,防止灭菌时冷凝水沾湿棉塞及存放过程中尘埃污染。若分装于试管,先把试管用皮筋 10 支一捆扎起来,防止捆内试管脱落,再在成捆的试管的棉塞外包上双层报纸或者一层牛皮纸,用皮筋缠紧。注明培养基名称、配制日期和组别。

(8) 灭菌:将待灭菌的培养基放入高压蒸汽灭菌锅内,121 ℃维持 20 min 左右。

(9) 摆斜面:灭菌完成后,如需制作斜面试管培养基,待培养基冷却至50～60 ℃,再摆斜面。摆斜面时,将试管口放在高度适宜的物体上或玻璃棒上,静置,斜面长度不得超过试管总长的一半,如图 2-6 所示。

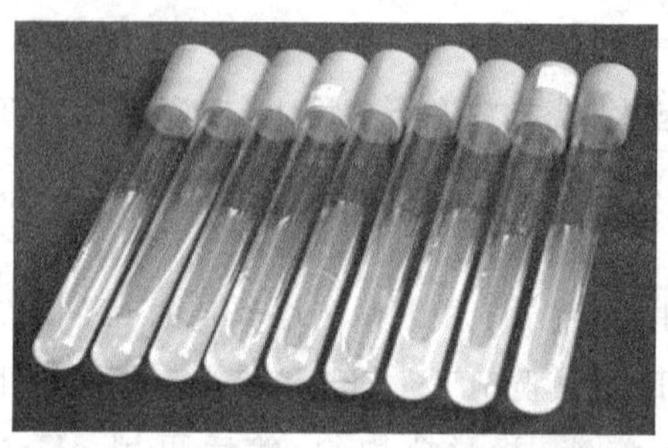

图 2-6 试管内培养基不得超过总长的 1/2

(10) 倒平板:一般使用叠皿法倒平板。具体操作如下:将需要倒入培养基的无菌培养皿叠放在酒精灯左侧,尽量靠近酒精灯的火焰。右手握住锥形瓶底部,再用左手小指和无名指拔出锥形瓶棉塞并夹住,立即将瓶口周缘过火,然后用左手开启最上层培养皿皿盖,使其露一缝,让三角瓶瓶口伸入并倒出培养基液,盖上皿盖,将其移至水平处待凝。然后依次倒完叠放在下层的培养皿。

(11) 无菌检查:将灭菌的培养基放入 37 ℃恒温箱中培养 24～48 h,无菌生长即证明灭菌彻底可以使用,或者储存于冰箱或清洁橱柜内备用。

(二) 马铃薯葡萄糖琼脂培养基(PDA 培养基)的配制

马铃薯葡萄糖琼脂培养基(PDA 培养基)主要应用于霉菌或酵母的培养。

培养基配方:马铃薯(去皮)200 g,葡萄糖(或者蔗糖)20 g,琼脂 15～20 g,水 1 000 mL,自然 pH 值。

配制方法:马铃薯去皮后,切成小块,加水煮 30 min 左右,用玻璃棒将马铃薯块捣碎并不断搅拌,防止糊底。然后用双层纱布过滤,在滤液中加葡萄糖(或者蔗糖),加水至 1 000 mL,自然 pH 值。培养酵母菌用葡萄糖,培养霉菌用蔗糖。分装、包扎、灭菌和无菌检查同牛肉膏蛋白胨培养基的配制过程。

（三）高氏Ⅰ号培养基的配制

高氏Ⅰ号培养基用于培养分离放线菌。

培养基配方：可溶性淀粉 20 g，KNO_3 1 g，NaCl 0.5 g，$K_2HPO_4 \cdot 3H_2O$ 0.5 g，$MgSO_4 \cdot 7H_2O$ 0.5 g，$FeSO_4 \cdot 7H_2O$ 0.01 g，琼脂 15～20 g，水 1 000 mL，pH 值 7.4～7.6。

配制方法：先进行计算再称量，根据计算量称取可溶性淀粉，先用少量冷水将其溶解调成糊状，再加少于总用量的水，用小火加热，边加热边搅拌，待完全溶解后，依次加入其他药品，待所有药品溶解后再加水补足至 1 000 mL。配制固体培养基和液体培养基、调节 pH 值、过滤、分装、包扎灭菌以及无菌检查同牛肉膏蛋白胨培养基配制过程。

（四）马丁培养基的配制

马丁培养基是用于培养分离真菌的选择性培养基。

培养基配方：蛋白胨 5.0 g，葡萄糖 10.0 g，K_2HPO_4 1.0 g，$MgSO_4 \cdot 7H_2O$ 0.5 g，0.1% 孟加拉红溶液 3.3 mL，2%去养胆酸钠溶液 20 mL（分别灭菌，使用前加入），琼脂 15～20 g，水 1 000 mL，自然 pH 值，10 000 U/mL 链霉素溶液 3.3 mL（用无菌水配制，使用前加入）。

配制方法：先进行计算再称量，根据计算结果称取各药品，然后将其溶于少于总量的水，待各成分溶解完全后，补充水分至 1 000 mL，再加入 0.1% 孟加拉红溶液 3.3 mL，混匀后，加入琼脂加热溶解，分装、包扎灭菌以及无菌检查同牛肉膏蛋白胨培养基的配制过程。链霉素受热易分解，因此应在临用时，将培养基加热溶化温度降至 45 ℃左右时再加入。

五、实验结果

记录培养基名称、配置时间和数量。

六、注意事项

（1）蛋白胨易吸潮，称量时动作要迅速。称量药品时，药匙不可混用，取完药品后要及时盖上瓶盖。

（2）在琼脂溶化过程中，要不断进行搅拌，防止琼脂溢出或糊底。

（3）配制培养基不要用铁锅或通过铁锅进行加热溶化，防止金属离子进入培养基中，影响微生物生长。

(4) 倒平板的过程中，锥形瓶瓶口始终朝向酒精灯火焰，不可将瓶口朝上，以免使瓶内培养基受污染。

(5) 配制高氏Ⅰ号培养基时，对于微量元素 $FeSO_4 \cdot 7H_2O$，可以先配制成高浓度的储备液再进行取用。方法是在 1 000 mL 水中加入 1 g $FeSO_4 \cdot 7H_2O$，制成 0.01 g/mL 的储备液，取该储备液 1 mL 加入到培养基中。

七、思考题

(1) 常见的选择性培养基和鉴别培养基有哪些？

(2) 配制培养基加入琼脂的作用是什么？

(3) 固体培养基、半固体培养基和液体培养基的主要区别是什么？

(4) 配制培养基的基本程序是什么？

实验三 灭菌技术

灭菌是指用物理或化学方法杀灭全部微生物的营养体、芽孢以及孢子，以达到无菌状态的过程。消毒是指用物理化学方法杀死或除去特定环境中致病微生物的过程。物体经过消毒后，仍有少数微生物未被杀灭，消毒其实是部分灭菌。在微生物实验过程中，不能有杂菌污染。因此在实验前，需要进行消毒和灭菌工作。

消毒和灭菌的方法主要分为加热灭菌、过滤除菌、紫外灭菌、化学试剂消毒和灭菌。其中加热灭菌最为常用，加热灭菌分为干热灭菌和湿热灭菌。干热灭菌分为火焰灼烧和电热干燥灭菌；湿热灭菌又分为高压蒸汽灭菌、常压蒸汽灭菌、煮沸消毒法和超高温杀菌，其中应用最广泛的是高压蒸汽灭菌。

一、实验目的

(1) 了解常用的消毒和灭菌的原理。

(2) 掌握常用的消毒和灭菌方法。

(3) 掌握消毒和灭菌仪器设备的使用方法及注意事项。

二、实验原理

(一) 干热灭菌

干热灭菌是利用高温使微生物细胞膜破坏和细胞内蛋白质变性达到灭菌目的,相对湿度通常在2%以下。长时间干热可导致微生物细胞膜破坏、细胞内蛋白质变性和原生质干燥,使微生物永久失活。微生物细胞内蛋白质凝固性与其本身含水量有关。微生物受热时,环境与体内的含水量越高,蛋白质凝固越快,含水量越低,凝固越慢。因此,干热灭菌所需的温度很高,一般在160～170 ℃,时间也很长,一般是1～2 h。

干热灭菌分为火焰直接灼烧和干热空气灭菌。火焰直接灼烧是将待灭菌物体(常用于接种针、接种环和涂布棒等)直接在火焰上灼烧以达到灭菌的目的。干热空气灭菌是将待灭菌物体放入电热恒温干燥箱内,在160～170 ℃维持1～2 h。实际灭菌过程中,可根据待灭菌物体的性质做适当调整。玻璃器皿和金属用具等可以用此法灭菌,但塑料制品、橡胶制品和培养基不适合用此法灭菌。

(二) 湿热灭菌

湿热灭菌利用高温蒸汽穿透的能力杀灭微生物。相同温度下湿热灭菌的效果比干热灭菌好,原因是蛋白质含水量多凝固点低,湿热灭菌过程中,微生物吸收水分,蛋白质易凝固,此外,湿热穿透力比干热强,且湿热存在潜热,蒸汽液化也会放热,进而增强灭菌效果。

高压蒸汽灭菌法利用加热密封的灭菌锅内的水和水蒸气的压力增加锅内蒸汽温度进而达到灭菌目的。具体过程是,加热灭菌料桶外的锅体夹层中的水,使其沸腾,不断产生蒸汽,借蒸汽将锅内的空气经排气阀排尽,关闭排气阀,使锅体处于封闭状态。继续加热,锅内充满饱和蒸汽,由于蒸汽不能逸出,进而灭菌锅的压力增加,蒸汽沸点增大。当蒸汽压力达到1 kg/cm^2,锅内温度就可以达到121 ℃,于此温度下保持20～30 min即可将待灭菌物体内外带有的所有微生物的营养体、芽孢和孢子杀灭。若灭菌锅内的空气未排尽或只排出一半,由于空气的膨胀压大于蒸汽的膨胀压,相同压力下,其温度低于饱和蒸汽的温度,即如果灭菌锅内含有空气,虽然压力表指示压力值为 1 kg/cm²,但锅内的温度并未达到 121 ℃。由此可见,灭菌锅内空气是否排尽将直接影响灭菌效果。培养基、生理盐水、缓冲液以及玻璃器皿等均可采用高压蒸汽灭菌法进行灭菌。

（三）紫外灭菌

紫外灭菌是利用紫外灯进行灭菌。波长在 260～280 nm 范围内的紫外线有很强的杀菌作用,260 nm 的紫外线杀菌能力最强。人工生产的紫外灯可以产生波长 253.7 nm 的紫外线,杀菌能力强。紫外线灭菌的原理是利用紫外线被蛋白质与核酸吸收这一特性,从而使这些物质失活。另外,空气在紫外线的照射下产生的臭氧可以辅助杀菌。由于紫外线的穿透能力较弱,所以,紫外线可用于空气的灭菌以及物体表面的灭菌。

为增强紫外线灭菌效果,在打开紫外灯前,可以用石炭酸等消毒剂进行杀菌,无菌室内的桌椅可以用 2%～3%的来苏尔擦拭消毒,再打开紫外灯,增强灭菌效果。

（四）过滤除菌

过滤除菌利用微孔材料的静电吸附和机械阻力等将带菌液体或气体进行抽气过滤。在微生物实验中,一些对热不稳定的物质如血清、维生素和抗生素等,采用过滤除菌法进行除菌。过滤除菌可除去细菌,但不能除去支原体和病毒等粒子。其最大的特点是不破坏培养基的成分。过滤器的种类很多,主要分为以下几种。

1. 蔡氏滤器

蔡氏滤器由一个金属漏斗和石棉制成的滤板组成。细菌通过石棉由于过滤和吸附作用被截留,每次过滤必须用新的滤板。过滤时,将石棉滤板紧紧夹在上下两节滤器之间,待滤菌的溶液在滤器中被抽滤。滤板根据其孔径大小分为三种型号:EK-S 型、EK 型、K 型,孔径依次增大,孔径小的可用于过滤病毒,孔径大的可用于澄清溶液,孔径介于两者之间的可用于过滤除去细菌。蔡氏滤器是实验室中常用的滤器。

2. 滤膜滤器

滤膜滤器与蔡氏滤器结构相似,其滤膜采用醋酸纤维和硝酸纤维等制成。每张滤膜只能用一次。此法过滤的优点是滤速快,吸附性小,不足之处是滤液量小,一般适用于实验室溶液过滤除菌,滤膜孔径一般是 0.45

μm。如果要除去病毒，则需要使用孔径更小的微孔滤膜。

3. 玻璃滤器

玻璃滤器由玻璃制作而成，滤板由玻璃细沙粉烧结而成，呈板状结构。根据孔径大小不同，玻璃滤器分为很多类型，其中 G5、G6 用于截留细菌。玻璃滤器吸附量少，每次使用过后需要用水反复清洗，并在含 1% KNO_3 的浓硫酸溶液中浸泡 24 h，再用蒸馏水冲洗。为检查是否冲洗干净，可以在冲洗液中滴加少许 $BaCl_2$，若不出现沉淀表示玻璃滤器被冲洗干净。

4. 姜伯朗氏滤器

姜伯朗氏滤器由素瓷制作而成，一端开口，待过滤的液体因负压作用由漏斗进入柱心，满满过滤，细菌被截留。其不足之处是滤速过慢。

三、实验材料

(1) 实验设备和仪器：高压蒸汽灭菌锅、烘箱、紫外灯、过滤器。

(2) 待灭菌物品：包装好的玻璃器皿、待灭菌的培养基、生理盐水和试管等。

四、实验步骤

(一) 干热灭菌

干热灭菌分为火焰直接灼烧和干热空气灭菌。

火焰灼烧：

将接种环、接种针和涂布棒等直接在火焰上灼烧。在无菌操作过程中，试管口和锥形瓶口也需要在火焰上进行灼烧灭菌。

干热空气灭菌：

(1) 将待灭菌物质放入烘箱内，物品不得贴近烘箱内壁，摆放均匀，不可过挤，利于热空气流通和灭菌温度的维持。

(2) 关闭烘箱门，接通电源，打开烘箱开关，设定温度在 160～170 ℃范围内。

(3) 待温度升至设定温度后，维持 1～2 h 即可。

(4) 切断电源，待其自然降温。

(5) 烘箱内温度降至 60 ℃以下，再打开烘箱门，取出灭菌物品，注意防护，小心烫伤。

（二）湿热灭菌

将待灭菌物品放入高压蒸汽灭菌锅内，在 121 ℃下维持 20 min，具体操作步骤见第一章“微生物常用的仪器及其使用”中高压蒸汽灭菌锅的使用。

（三）紫外灭菌

（1）在无菌室内或超净工作台内打开紫外灯，30 min 后将其关闭。

（2）牛肉膏蛋白胨培养基倒 3 个平板，待其凝固后打开皿盖 15 min，然后盖上皿盖于 37 ℃培养 24 h。

（3）检查平板上菌落数，如果不超过 4 个，则表明灭菌效果好，否则需要延长紫外灯照射时间。

（四）过滤除菌

这里介绍蔡氏滤器的使用步骤。

（1）清洗和灭菌：将滤器拆开用水清洗干净，待晾干后组装，放入滤板，拧上螺旋，再插入抽滤瓶口的软木塞上，并在滤器口包扎，然后进行灭菌（121 ℃下维持 20 min）。

（2）过滤装置检测：先将滤器和收集滤液的试管连接，防止渗漏进而影响抽滤效果或使滤液染菌。在负压泵和抽滤瓶之间装好安全瓶，用于抽滤的缓冲。在自来水龙头上安装抽气负压装置，以便加快抽滤速度，检查是否存在漏气现象。

（3）安装滤器：移除滤器口的包装纸，拧上螺旋，防止漏气。

（4）连接实验装置：除去抽滤瓶口包装纸，与安全瓶连接，再将安全瓶与负压泵连接。

（5）加入待过滤样品：向滤器内倒入待过滤除菌的液体，打开负压进行抽滤。

（6）抽滤：抽滤完成后，先断开安全瓶与抽滤瓶的连接，再关闭水龙头。

（7）收集滤液：在火焰附近打开抽滤瓶的塞子，取出滤液，并迅速塞上无菌塞。

（8）后处理：弃去用过的滤板，将滤器冲洗晾干，更换滤板，组装后备用。

五、实验结果

记录灭菌的实验器具和材料的名称、数量、种类以及无菌检查情况。

六、注意事项

(1) 干热灭菌的温度不能超过 180 ℃,否则,易烧焦包住瓶塞的报纸或棉线,引起火灾。

(2) 干热灭菌结束后,待温度降至 60 ℃以下再打开烘箱,否则温度骤降会导致玻璃器皿炸裂造成危险事故。

(3) 高压蒸汽灭菌时,实验人员不得擅自离开,要注意压力表和温度的示数,防止出现意外事故。

(4) 紫外线对人的皮肤、眼结膜及视神经有一定的损害,实验时要注意防护。

(5) 抽滤过程中一定要防止连接部位漏气,否则将影响实验效果甚至出现杂菌污染。

七、思考题

(1) 湿热灭菌和干热灭菌的原理是什么?

(2) 常用的灭菌方法主要适用于哪些物品的灭菌?

(3) 高压蒸汽灭菌锅的使用方法是什么?

(4) 过滤除菌的装置有哪些?

实验四　接种技术和无菌操作

一、实验目的

(1) 了解无菌操作和接种技术在微生物实验中的重要性。

(2) 熟练掌握无菌操作和接种技术的方法。

二、实验原理

在微生物实验过程中,无菌操作和接种技术是获得纯培养物的基本技能。无菌是指环境中不存在任何微生物的营养细胞、芽孢及其孢子的状态。无菌操作是微生物实验中防止一切杂菌污染纯培养物的措施。在微生物的生产和实验过程中，经常将一定数量的微生物转移到新的培养基中进行再培养，在这一过程中，无菌操作起着至关重要的作用。

接种是在无菌条件下，将目的微生物转移到适宜其生长繁殖的培养基的过程。微生物的分离、纯化、培养、鉴定和形态观察等都离不开接种。根据实验目的不同，接种可分为多种类型，如斜面接种、平板接种、液体接种和穿刺接种等。为避免杂菌污染，操作过程中一定要进行无菌操作。

实验中，用于接种的工具主要分为接种环、接种针、涂布棒、移液管和滴管等几种（见图 2-7）。接种环和接种针主要由软硬适中的镍铬丝或铂丝制作而成，其特点是灼烧时红得快、冷却快、不易氧化、无毒且可反复灼烧。接种针长度一般在 5～8 cm，固定于 20 cm 左右的金属或胶木棒上，多用于穿刺接种。接种环是将接种针末端折弯成一个直径约为 2 mm 的圆环形成的，常用于平板和斜面接种。接种针和接种环使用前要进行灭菌，灭菌方法是将接种环或接种针的末端置于酒精灯的外焰中灼烧至镍铬丝呈红色，再将接种环或接种针可能伸入试管或平板的金属柄缓慢通过火焰进行灭菌，冷却后即可使用。使用过后，先将接种环端置于内焰进行灼烧再移至外焰中灼烧至红色，或者先灼烧环以上部分再逐渐灼烧移至环端烧红，这样可避免残留菌液因受高热外溅造成的安全隐患。再将金属柄过火焰，置于架子上备用。涂布棒由普通玻璃或不锈钢材料制作而成，将菌液均匀涂

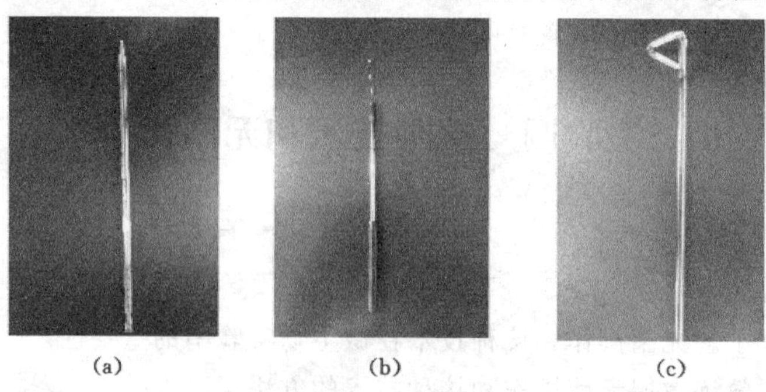

(a) (b) (c)

图 2-7 常见的接种工具

(a) 移液管；(b) 接种环；(c) 涂布棒

布于平板上，培养后形成单菌落，常用于平板分离和计数菌落。移液管和滴管常用于接种液体培养物。

三、实验材料

(1) 菌种：实验所需菌种。

(2) 培养基：牛肉膏蛋白胨斜面培养基、马铃薯葡萄糖琼脂培养基(PDA 培养基)、高氏Ⅰ号培养基等(根据实验需要进行选择制备)。

(3) 器具：接种针、接种环、滴管、移液管、恒温培养箱、记号笔、标签纸等。

四、实验步骤

(一) 无菌操作环境的创造

微生物实验室内，常用的无菌环境有酒精灯火焰周围空间、超净工作台、无菌室。

1. 酒精灯

酒精灯是创造无菌环境的重要工具之一，其原因主要分为三点：首先酒精灯火焰可灼烧杀死空气中微生物，在火焰周围形成一个小的无菌环境。具体做法是将试管口或锥形瓶口及瓶塞过火后置于火焰附近，然后进行菌落样品的转移，以防止杂菌污染纯培养物。其次，酒精灯火焰可直接用于灼烧接种工具进行灭菌，经灭菌后的接种工具可以避免接种过程中引入杂菌。此外，酒精灯可以引燃玻璃器皿表面带有的酒精，使玻璃器皿保持洁净无菌。具体做法是将放于无水酒精中的玻片取出，点燃玻片表面的酒精，用燃烧的火焰对玻片进行灭菌。

2. 超净工作台

超净工作台是实验室内提供无菌操作的设施，是针对局部工作区有高洁净度要求设计而成的。超净工作台由工作台、送风机、过滤器、紫外灯、支撑体和静压箱等几部分组成。超净工作台根据气流方向分为垂直流超净工作台和水平流超净工作台。其工作原理是通过送风机将空气吸入预过滤器，经静压箱进入高效过滤器后的空气以垂直或水平的空气流送出，将尘埃颗粒带走。由于空气没有涡流，所以杂菌能被排除，不易扩散，从而保持无菌环境。

使用方法：使用前先打开紫外灯，处理工作台表面附着微生物，30 min后关闭紫外灯，开启送风机，清除附着微生物的尘粒，10～20 min后，可在工作台进行操作。操作结束后，关闭送风机，整理工作台，拉下防尘窗。

3. 无菌室

无菌室是一个提供高度洁净的实验空间。其设计应满足以下要求：严格密封，隔板用玻璃制作，设置排风装置和进气孔，引入过滤后空气。无菌室要设置缓冲间，缓冲间内要设有工作台，放置实验服、鞋帽、口罩等，配置废弃桶，收集实验垃圾。缓冲间里侧设置工作间。为减少空气流动，无菌室应选用拉门，设小型玻璃窗（方便物流传递），安装照明灯等装置。此外工作台应洁净耐腐蚀，便于消毒。

无菌室的灭菌：

(1) 熏蒸：熏蒸剂常用福尔马林（37%～40%甲醛溶液），每立方米熏蒸剂的用量是6～10 mL，将其置于坩埚中，用电炉加热，密封无菌室12 h以上。进入无菌室前要用与甲醛等量的氨水中和甲醛，减少甲醛对人体的刺激。

(2) 紫外线照射：使用无菌室之前，打开紫外灯30 min，结束后，关掉紫外灯再进入无菌室。

(3) 石炭酸喷雾：用5%石炭酸溶液喷洒工作台和无菌室的地面，进行消毒灭菌。

无菌室灭菌效果检验：

利用牛肉膏蛋白胨、PDA培养基的平板各三个，打开皿盖置于无菌室工作台上，半小时后盖上皿盖，放入恒温培养箱内，37 ℃培养24 h。如果每个平板上细菌和霉菌的菌落数均少于10个，则灭菌完成，否则要重新灭菌。

操作结束后，清理无菌室及工作台，打开无菌室内紫外灯照射30 h。对于含病原菌的器材，要彻底灭菌后再进行处理。

（二）接种前准备

(1) 在保证无菌室无菌的条件下，实验人员穿上灭菌后的实验服，佩戴口罩、帽子、手套等，并进行消毒。每次实验前用75%的酒精擦拭双手、工作台以及实验用品。

(2) 在要接种的试管、平板和锥形瓶等器皿上注明菌种的名称、接种日期、培养基名称以及接种人名字，防止混淆。

(3) 检查酒精灯内酒精的体积，点燃酒精灯，酒精灯火焰呈内、中、外三层柔和火焰，表明酒精灯可正常使用。

(三) 接种方法

1. 斜面接种

斜面接种是在已保存菌种的斜面上挑取适量菌种转移到新的斜面培养基上的方法，具体步骤(部分操作见图 2-8)如下：

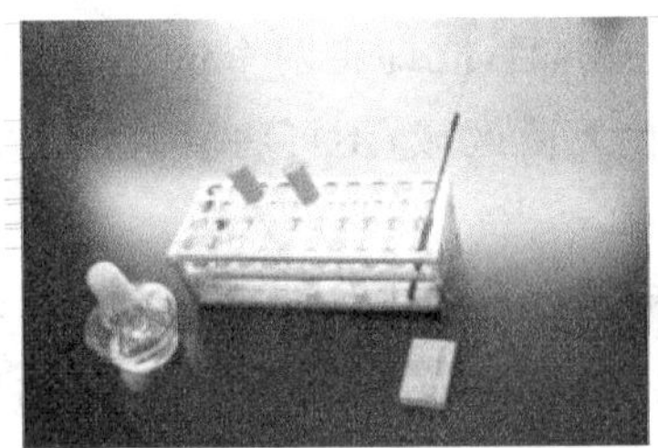

步骤1　准备斜面接种的工具和材料

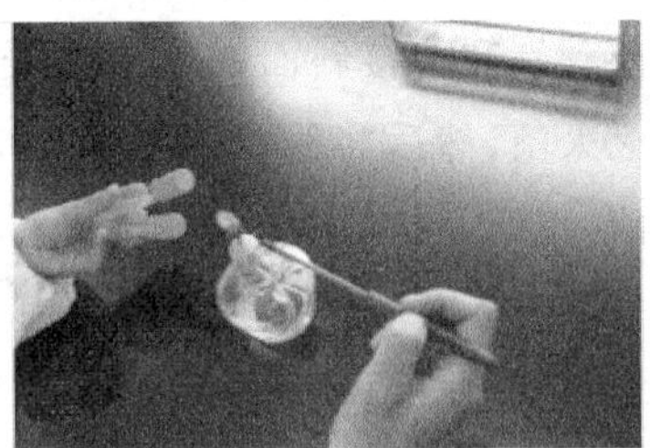

步骤2　灼烧接种环进行灭菌

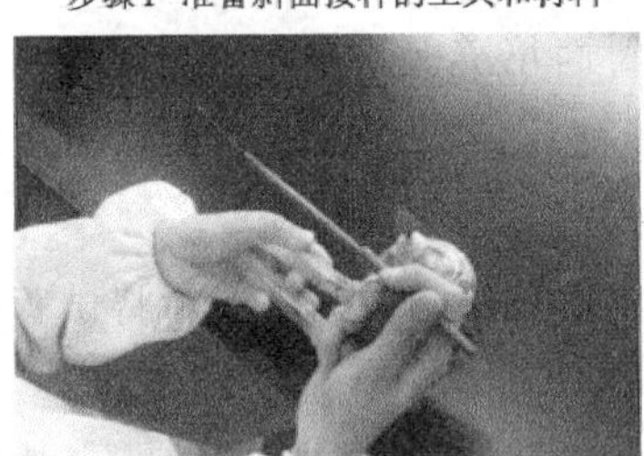

步骤3　用右手无名指和小指同时拔下试管塞

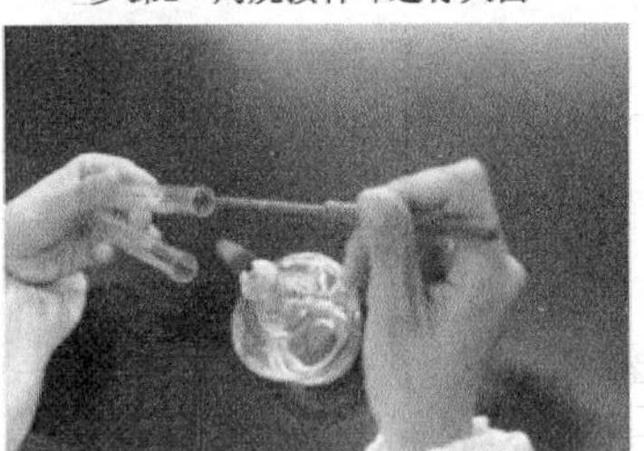

步骤4　用接种环从菌种管挑取少量菌体

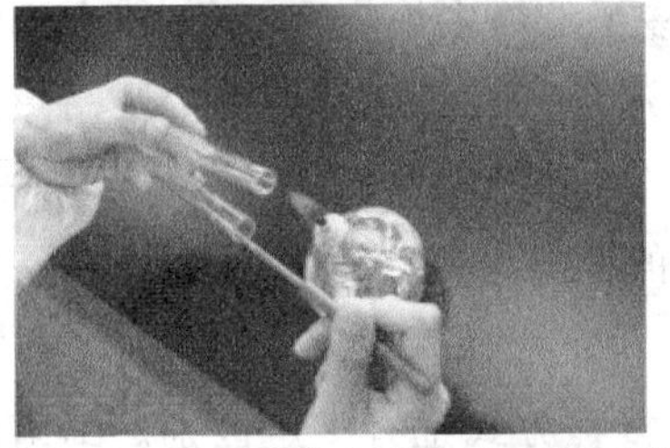

步骤5　挑取菌体的接种环在新鲜斜面划线

步骤6　塞上试管塞，灼烧接种环灭菌

图 2-8　斜面接种的操作方法

(1) 先用75%的酒精擦拭双手，注意先擦手心、指缝，再擦手背，待酒精挥发后，点燃酒精灯。

(2) 将菌种管和待接斜面试管并排放置，用左手食指、中指和无名指夹住两支试管，将其底部抵在左手掌心，让两支试管的斜面近水平放置，试管口朝向火焰，保持在无菌区域。

(3) 右手将试管塞事先旋松，以便拔出。然后，用右手取接种环，在火焰上烧红镍铬丝，然后将可能伸入试管的部分金属柄均匀反复地通过火焰进行灭菌，再将接种环维持在火焰周围的无菌区域内冷却备用。

(4) 在火焰周围的无菌区域内，用右手的无名指、小指以及掌缘先后夹住菌种管和待接斜面试管的塞子，轻轻拔出后，立即将两个试管口及塞子过火灭菌，然后将管口朝向火焰，维持在无菌区域，不可将管口朝上以免染菌。

(5) 将接种环伸入菌种管内，让接种环先接触未长菌落或者菌落较少的培养基，使接种环快速冷却，然后用接种环端轻轻蘸取少量菌苔，抽出接种环。此过程中，接种环勿碰触火焰或其他物品。在火焰周围的无菌区域内，迅速将挑取菌苔的接种环伸入待接斜面培养基的试管内，自斜面底部向上轻划“Z”字形曲线接种，然后抽出接种环。向试管内伸入和抽出接种环时，避免接种环端与试管壁接触。

(6) 灼烧试管口和塞子，将塞子塞入各自的试管口，旋紧后将试管放在试管架上。

(7) 接种完毕后要立即灼烧接种环，杀死残留在环端的菌体，具体做法是先将接种环端置于内焰进行灼烧再移至外焰中灼烧至红色，或者先灼烧环以上部分再逐渐灼烧移至环端烧红，这样可避免残留菌液因受高热外溅造成的安全隐患。

(8) 将接种完成的试管放在37 ℃的恒温箱中培养24 h，观察菌苔的形状和生长状况。

根据微生物的种类不同，斜面划线接种方式也有一定区别。细菌和放线菌接种多采用“Z”字形曲线接种，酵母菌则常采用点接和中央划线法接种，点接即把菌种接在斜面中部，用于暂时保存菌种，中央划线法接种即在斜面中间自下而上划一条直线，多用于比较微生物的生长速度。霉菌则多采用点接。

2. 液体接种

液体接种是通过移液管、滴管或移液枪将菌液转移到新鲜液体培养基中的过程，主要用于观察细菌、酵母菌等的生长特性以及发酵生产的扩大培养。

(1) 从斜面菌种接种至液体培养基

液体接种操作方法与斜面接种相似，在接种时，使液体培养基管口稍朝上，防止培养基流出。将蘸取菌体的接种环伸入液体培养基后，环端与试管内壁轻轻摩擦碰触，使菌体落入液体培养基中，塞上塞子，将试管轻轻振荡以便菌体均匀分散开。

(2) 从液体菌种接种至液体培养基

可用接种环进行接种，也可使用无菌的移液管、滴管或移液枪接种。在酒精灯火焰周围的无菌操作区内，拔出试管塞，迅速将管口和塞子过火，用无菌的移液管、滴管或移液枪吸取少量菌液移入新鲜培养液体中，再将塞子和管口过火，塞紧塞子，充分振荡均匀。

3. 平板接种

平板接种是在平板培养基上划线、涂布、点接等接种的方法。

(1) 三点接种

三点接种是用接种针在原菌落上挑取少量的菌体或霉菌孢子，点接至新平板上呈近似等边三角形的三点的方法，点与点之间的距离不能太近，以免得不到较好的单菌落。

具体步骤如下，将灼烧过的接种针伸入斜面菌种管的培养基内冷却，用针尖蘸取少量霉菌孢子，针柄轻轻在管口碰两下，使未黏牢固的孢子落下。再移出接种针至火焰旁的无菌操作区，塞上菌种管塞子，放回试管架。左手取出平板的皿底，使其培养基的一面朝向火焰。将挑取孢子的接种针针尖垂直点在平板上，然后将平板垂直于桌面的状态盖上皿盖，最后将接种针烧红灭菌备用。将接种后的培养皿倒置于 28 ℃的恒温箱中培养，7 天后观察并记录菌落生长状况及孢子形成过程。

(2) 涂布接种

在酒精灯火焰周围的无菌操作区域内，左手持一套培养皿，用左手的中指和拇指将皿盖掀起露出一条缝隙,然后右手持无菌移液管吸取一定量的菌液移至平板上,利用灭菌后的涂布棒在平板表面涂布均匀即可。涂布法接种培养后,可以挑取平板上的单菌落至斜面培养基再培养,即为初步分离的菌种。

(3) 划线接种

划线接种技术在微生物实验中经常用到。划线接种主要分为连续划线接种和分区划线接种两种。平板划线接种培养后,可以挑取平板上的单菌落至斜面培养基再培养,即为初步分离的菌种。

连续划线接种具体操作如下:在酒精灯火焰周围的无菌操作区域内,左手持平板皿底,让平板朝向火焰,用灭菌后的接种环挑取适量的菌体在平板上连续划线,然后盖上皿盖在适宜条件下进行培养,注意勿划破培养基。分区划线接种具体操作见实验五的平板划线法分离菌种。

4. 穿刺接种

穿刺接种法是用挑取少量菌苔的接种针刺入半固体培养基中进行的培养的一种接种方式。穿刺接种主要用于细菌和酵母菌的培养,多用于观察细菌的运动能力,也用于菌种保存方面。

具体操作步骤如下,左手拿菌种管,右手拿接种针,火焰灭菌后,在火焰旁的无菌区域内,用右手拔出试管塞,立即将管口和塞子过火。将接种针伸入菌种管内,挑取少量菌苔,移出接种针,管口与棉塞过火,塞上塞子,将菌种管放回试管架。在无菌区域内,右手无名指和小指拔出试管塞,左手将试管竖直倒置,接种针从培养基中央插入至距离管底 1～1.5 cm 处,然后垂直拔出接种针,管口与试管塞过火,塞上试管塞。接种完成后立即在火焰上灼烧接种针,杀灭残留菌体。将接种后的试管置于 37 ℃恒温箱中培养 24 h,观察并记录穿刺情况。

五、实验结果

将斜面接种、平板接种、穿刺接种和液体接种后培养物的生长状况记录下来,可以设计出相应表格方便整理,并分析实验成败的原因。

六、注意事项

(1) 使用酒精灯的过程中,禁止用一个酒精灯引燃另一个酒精灯,使用结束后，用灯盖盖住火焰熄灭酒精灯，酒精灯的放置位置要远离易燃物品。

(2) 使用超净工作台时，要定期检查风速，若加大风机电压也未能达到所需风速，就要更换高效过滤器。

(3) 在斜面底部向上划"Z"字形曲线接种时，以流畅的线条将菌体划在斜面上，不可太过用力，防止划破培养基，影响实验效果。

(4) 三点接种时尽量不刺破培养基，避免形成形态不规则的菌落。要使点接的三点均匀分布，可以事先在皿底用记号笔标划出等边三角形的三个点。

(5) 穿刺接种时，接种针要拉直，培养基不可被穿透，穿刺时要稳，不能左右摆动。

七、思考题

(1) 斜面接种时应注意哪些问题?

(2) 接种前后为什么要将试管管口、试管塞、接种环以及接种针过火?

(3) 平板接种后将平板倒置培养的原因是什么?

(4) 穿刺接种时，如果接种针穿透了培养基会出现什么结果?

实验五　微生物的分离纯化技术

在适宜条件下，菌体或孢子散落在平板上形成的肉眼可见的细胞群体称为菌落。若菌落由单个孢子或细胞繁殖而成，则为纯菌落。纯培养物是由单个细胞或单个孢子长成的纯菌落接种培养所得菌种。自然界中的微生物常以群落状态存在，即不同种类的微生物在一起混杂生长。如果研究某一种微生物的特性或大量培养某一种微生物，就必须对混杂生长的微生物进行分离纯化，以获得纯培养物。获得纯培养物的过程即为微生物的分离和纯化技术。

分离纯化方法可以分为两类，一种是在细胞水平上的纯化，另一种是在菌落水平上的纯化。细胞水平上的纯化可以分为显微镜操纵单细胞分离法、毛细管分离以及菌丝尖端切割单细胞分离法；菌落水平上的分离纯化可以分为平板划线法、涂布平板法和浇注平板法。由于细胞水平上的纯化技术不易掌握，而菌落水平上的平板划线法、涂布平板法和浇注平板法操作简便，且分离效果较好，因此，菌落水平的分离纯化方法常被实验室采用。

Ⅰ 平板划线法分离菌种

一、实验目的

(1) 理解平板划线法分离菌种的原理。
(2) 掌握平板划线分离菌种的操作方法。

二、实验原理

平板划线法是将混杂生长的菌种通过平板划线稀释以获得单菌落的方法，即把混杂生长的微生物通过平板上多次划线稀释，让单个细胞独立存在，培养后获取单菌落，这种单菌落就是微生物纯培养物。具体的划线方式(图 2-9)可以采用连续划线法也可以采用分区划线法。用灭菌后的接种环挑取适量菌体，在平板上连续划平行线即为连续划线法，若先在平板的一边即一区划平行线，烧去残留菌种，冷却后通过一区朝二区划致密的平行线，然后用相同的方法分别在三区和四区划平行线。四个区域的面积不同，区域面积从一区至四区依次增大，各区之间的夹角一般为 120°左右。

图 2-9 平板划线操作示意图

三、实验材料

(1) 菌种:酿酒酵母(*Saccharomyces cerevisiae*)与黏红酵母(*Rhodotorula glutinis*)混合培养物。

(2) 培养基:马铃薯葡萄糖培养基。

(3) 器具:接种环、恒温培养箱、水浴锅、酒精灯、记号笔、标签纸等。

四、实验步骤

(1) 培养基的融化:将装有无菌马铃薯葡萄糖培养基的三角瓶置于水浴锅中加热,直至充分融化。

(2) 倒平板:培养基冷却到 50 ℃左右,在无菌操作条件下倒 6 个平板,静置,待凝。

(3) 分区标记:在无菌培养皿底用记号笔划分出 4 个区,使各区面积从一区至四区依次增大,各区之间的夹角一般为 120°左右。

(4) 平板划线:在酒精灯火焰周围的无菌操作区域内,左手持平板皿底,让平板朝向火焰,用灭菌后的接种环挑取适量菌体,先在平板的一边即一区划 3~4 条平行线,烧去残留菌种,待接种环冷却后,通过一区朝二区划 6~7 条致密的平行线,然后用相同的方法分别在三区和四区划平行线。划线结束后,盖上皿盖。接种时请勿划破平板,四区的平行线不得接触一区或二区的线条。平板分区划线示意图见图 2-10。依照上述操作,在其他 5 个平板上划线分离。

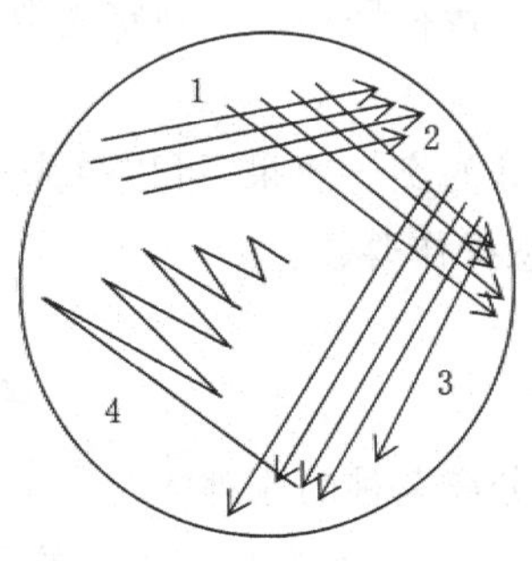

图 2-10　平板分区划线示意图

(5) 培养：将划线的 6 个平板倒置于 28 ℃的恒温培养箱，培养时间 2～3 d。

(6) 挑单菌落：如果实验划线分离效果理想，在三区和四区会出现单菌落，用无菌操作方法挑取较好的单菌落中的少量菌体接种至斜面培养基，经培养后即为初步分离的菌种。

(7) 后处理：分离纯化结束后，将含菌的平板煮沸后清洗，晾干。

五、实验结果

将划线分离的结果绘制下来或拍照记录，并将菌落的特点记录于表 2-1中。

表 2-1 实验结果记录表

<table>
<tr><th rowspan="2">菌种名称</th><th rowspan="2">分离纯化方法</th><th colspan="2">分离培养后各菌落特征</th></tr>
<tr><th>相同点</th><th>不同点</th></tr>
<tr><td></td><td></td><td rowspan="2"></td><td></td></tr>
<tr><td></td><td></td><td></td></tr>
</table>

六、注意事项

(1) 为防止平板上有冷凝水，倒平板前要将融化的培养基冷却至 50 ℃左右。

(2) 用于平板划线的接种环环扣要圆整光滑，划线时动作要轻，防止划破平板。

(3) 为了取得比较好的实验效果，可以事先练习接种环在培养皿内进行四区划线的操作，熟悉操作要领。

七、思考题

(1) 简述平板划线分离菌种的原理。

(2) 将培养基冷却至 50 ℃左右再倒平板的原因是什么？

(3) 在一区划线结束后、二区划线前，为什么要烧死接种环上的残留菌体？

(4) 为什么要将培养皿倒置培养?

Ⅱ 涂布平板法和浇注平板法分离菌种

一、实验目的

(1) 理解涂布平板法和浇注平板法分离纯化菌种的原理。

(2) 掌握涂布平板法和浇注平板法分离纯化菌种的方法。

二、实验原理

涂布平板法和浇注平板法可以分离纯化菌种,也可以用于活菌计数。

涂布平板法是把待分离的微生物样品用无菌生理盐水稀释后,取一稀释度适宜的菌液适量加入到无菌平板表面,然后用无菌涂布棒将菌液均匀地涂布在平板表面,在适宜条件下培养,平板表面出现单菌落。挑取单菌落接种至斜面培养基上培养,即获得初步分离的菌种。

浇注平板法是将稀释后的少量菌液加在无菌培养皿中,随即倒入融化的固体培养基,混合均匀,静置后在适宜温度下培养。挑取平板中的单菌落接种至斜面培养基,获得初步分离的菌种。如果为确保获得的菌落是纯培养物,可以反复多次进行以上操作。

三、实验材料

(1) 菌种:大肠埃希氏菌(*Escherichia coli*)和金黄色葡萄球菌(*Staphylococcus aureus*)混合培养菌液。

(2) 培养基:牛肉膏蛋白胨培养基。

(3) 试剂和器具:无菌生理盐水、无菌移液管(或移液枪)、试管、涂布棒、恒温培养箱、酒精灯、记号笔、标签纸等。

四、实验步骤

(一) 涂布平板法

(1) 培养基的融化:将装有无菌培养基的锥形瓶置于水浴锅中加热,直至充分融化。

(2) 倒平板：培养基冷却到 50 ℃左右，在无菌操作条件下倒 9 个平板，静置，待凝。

(3) 编号：在 9 个无菌培养皿的皿底分别标注稀释度 10^{-4}，10^{-5}，10^{-6}，每个稀释度各 3 个培养皿。取 6 支无菌试管，依次编号 10^{-1}～10^{-6}。

(4) 菌液稀释：在上述 6 支编号的试管中分别加入生理盐水 4.5 mL，用移液管或移液枪移取 0.5 mL 菌液至 10^{-1}试管中，更换移液管或枪头，在 10^{-1}试管中吸吹样品数次，充分混匀，并精确移取 0.5 mL 菌液至 10^{-2}试管中，以此类推，直至稀释到 10^{-6}为止。

(5) 转移菌液：分别从稀释度为 10^{-4}，10^{-5}，10^{-6}的试管中吸取 0.2 mL 菌液加到相应编号的平板上。

(6) 涂布平板：左手持一套培养皿，并让皿盖掀起露出一条小缝，右手持灭菌后的涂布棒把平板上的少量菌液涂开，使其均匀分布在整个平板上。灭菌的涂布棒要冷却后才可进行涂布，防止碰破平板表面或者烫死菌体，如图 2-11 所示。

图 2-11　涂布平板操作方法

(7) 培养：将平板倒置在 37 ℃的恒温培养箱中培养 24 h。

(8) 挑取单菌落：在无菌操作条件下，用无菌的接种环挑取大肠埃希氏菌和金黄色葡萄球菌的单菌落接种至斜面培养基上培养，经培养后即获得初步分离的菌种。

(二) 浇注平板法

(1) 培养基的融化：将装有无菌培养基的锥形瓶置于水浴锅中加热，直至充分融化。

(2) 编号:在 9 个无菌培养皿的皿底分别标注稀释度 10^{-4},10^{-5},10^{-6},每个稀释度各 3 个培养皿。取 6 支无菌试管,依次编号 10^{-1}～10^{-6}。

(3) 菌液稀释:在上述 6 支编号的试管中分别加入生理盐水 4.5 mL,按照涂布平板法进行逐级稀释。

(4) 转移菌液:分别从稀释度为 10^{-4},10^{-5},10^{-6}的试管中吸取 0.2 mL 菌液加到相应编号的无菌培养皿中。

(5) 浇注培养基:向各个培养皿中倒入约 15 mL 融化后且冷却至 50 ℃左右的培养基后,立即将平板平稳快速地沿前后、左右、顺时针以及逆时针等方向轻轻摇晃均匀,使待测定的菌体均匀分布在培养基中,混匀后置于水平实验台上冷凝。

(6) 培养:将平板倒置在 37 ℃恒温培养箱中培养 24 h。

(7) 挑取单菌落:方法同上述涂布平板法。

五、实验结果

将涂布平板分离和浇注平板分离的结果记录于表 2-2 中,并绘制或拍照记录实验结果。

表 2-2　　实验结果记录表

菌落分离结果		涂布平板法			浇注平板法		
		10^{-4}	10^{-5}	10^{-6}	10^{-4}	10^{-5}	10^{-6}
菌落数/皿	大肠埃希氏菌						
	金黄色葡萄球菌						
外形特征	大肠埃希氏菌						
	金黄色葡萄球菌						

六、注意事项

(1) 涂布平板时,涂布棒经灭菌后要进行冷却,然后再进行涂布,否则容易碰破培养基或者烫死菌体。

(2) 浇注平板时,培养基倒入培养皿后要立即摇匀,防止菌液吸附于皿底,不利于形成单菌落。培养基要事先冷却至 50 ℃左右,否则可能会烫死菌体;如果冷却温度过低,培养基凝固过快会导致菌体分布不均。

七、思考题

(1) 简述涂布平板法和浇注平板法分离菌种的原理、特点和适用范围。

(2) 同一稀释度的菌液在不同的分离方法中出现的菌落数是否一样?

(3) 根据实际操作过程,总结涂布平板法和浇注平板法影响分离菌种效果的因素。

Ⅲ 真菌的单孢子分离法

一、实验目的

(1) 理解真菌单孢子分离法的原理。

(2) 掌握单孢子分离方法和适用范围。

二、实验原理

单孢子分离法是分离真菌和酵母菌等真核微生物获得纯培养物的有效方法。此法的原理是采用厚壁磨口毛细管,吸取已萌发的孢子悬液,以点接种的方式接种在作为分离湿室的培养皿盖内,在低倍镜下观察。当一个孢子悬液滴内仅有一个萌发的孢子时,做上记号,在其上方盖上一块小培养基片,待其发育成小菌落。把菌落接种至斜面培养基上培养,即获得由单孢子发育而成的纯培养物。

三、实验材料

(1) 菌种:米曲霉(*Aspergillus oryzae*)。

(2) 培养基:察氏培养基。

(3) 仪器:显微镜、血细胞计数板。

(4) 用具和其他:厚壁磨口毛细管、移液管、接种环、锥形瓶、培养皿、脱脂棉、玻璃管、记号笔、酒精灯、无菌小刀、4%水琼脂等。

四、实验步骤

(1) 自制毛细管:截取一端玻璃管,让其一端在火焰上烧红,接着用镊子将毛细管的尖端拉成内径很小的厚壁毛细管状，然后在适当位置截断，如图 2-12 所示。

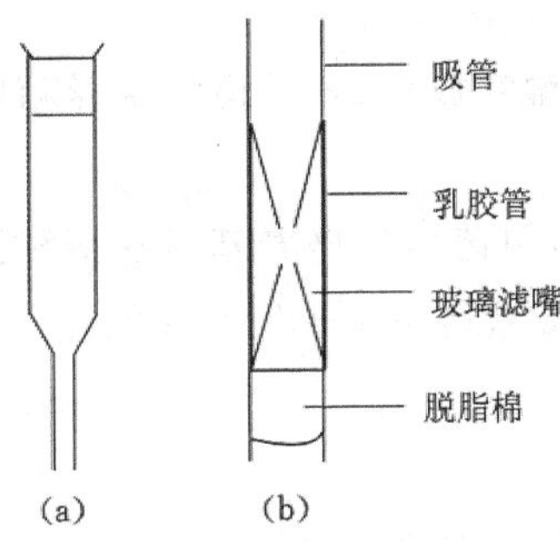

图 2-12　厚壁磨口毛细滴管和简易孢子过滤装置

(a) 毛细滴管全貌；(b) 简易孢子过滤装置

(2) 标定毛细管的体积：在毛细管内装满水银，称量水银的重量。根据该称量温度下水银的密度，用重量除以密度计算出其体积，即毛细管的体积。

(3) 毛细管检测和灭菌：符合要求的毛细管在滴样时，液滴均匀快速，形状完整，一般情况下，要求每微升孢子悬液可以点 50 滴液滴。检测合格，方可在毛细管尾部塞上棉花，包扎好后进行灭菌。

(4) 制备分离湿室：在无菌培养皿中倒入 4%水琼脂 9 mL 左右，在皿盖外壁用记号笔画小圆圈(直径 3 mm 左右)，用作点样记号。

(5) 制备孢子悬液：在无菌操作环境下，用无菌接种环在斜面培养基上挑取适量米曲霉孢子，放入装有玻璃珠和察氏培养基的锥形瓶中充分振荡。在吸管口套上灭菌后的简易过滤装置，用它吸取孢子悬液数毫升转移至无菌试管中。利用血细胞计数板计数孢子悬液的浓度，然后进行适当的稀释，使其浓度为 5 万～15 万个孢子/mL。最后将孢子悬液放在 28 ℃恒温培养箱中约 8 h，使孢子萌发。

(6) 点样：用厚壁磨口毛细管吸取萌发的孢子悬液，随即轻巧快速地将其点在皿盖内壁作记号的圈圈里。

(7) 观察选出单孢子液滴：将分离湿室放在显微镜的低倍镜视野下观察，若液滴内只有一个萌发孢子，在皿盖上作上不同的记号进行标记。

(8) 盖上培养基片:将适量察氏培养基倒入无菌培养皿中,形成均匀薄层,凝固后,用无菌小刀把培养基薄层划成小片(面积约 25 mm^2),挑起盖在单孢子液滴上,盖上皿盖。

(9) 培养:将分离湿室放在 28 ℃恒温培养箱中培养约 24 h,使单孢子萌生成长为小菌落。

(10) 接种:将长有单菌落的培养基薄片接种到新鲜察氏斜面培养基,在 28 ℃培养 4～7 d,即获得单孢子发育成的纯种培养物。

五、实验结果

将单孢子分离真菌的实验结果记录于表 2-3,并绘制或拍照记录分离结果。

表 2-3　　实验结果记录表

孢子悬液浓度/(个/mL)	点样数/min	萌发单孢子数/min	小菌落数/皿

六、注意事项

(1) 毛细管管口必须平整光滑,液滴面积要小于低倍镜视野的面积。

(2) 分离湿室中用于保湿的琼脂不要倒入过多,以免影响透光度。

七、思考题

(1) 简述单孢子分离法的原理和优点。

(2) 能否用甘油或者营养琼脂取代水琼脂用于分离湿室的保湿?

(3) 为什么选用萌发的孢子制作孢子悬液?

实验六　微生物显微技术

显微镜根据结构不同可分为光学显微镜和非光学显微镜。其中光学显微镜根据光源的不同可分为可见光显微镜和非可见光显微镜。可见光显微镜包括荧光显微镜、相差显微镜等;非可见光显微镜包括紫外光显微镜、红外光显微镜以及X射线显微镜等。非光学显微镜主要是电子显微镜,包括透射电子显微镜、相差电子显微镜、扫描电子显微镜等。本节主要介绍普通光学显微镜、相差显微镜、荧光显微镜和扫描电子显微镜等四种显微镜。

Ⅰ　普通光学显微镜

一、实验目的

(1) 了解光学显微镜的基本构造和工作原理。
(2) 掌握普通光学显微镜的使用方法和适用范围。
(3) 掌握相关生物样品的制备方法。

二、实验原理

(一) 普通光学显微镜

1. 构造

光学显微镜由机械装置和光学系统组成,如图2-13所示。

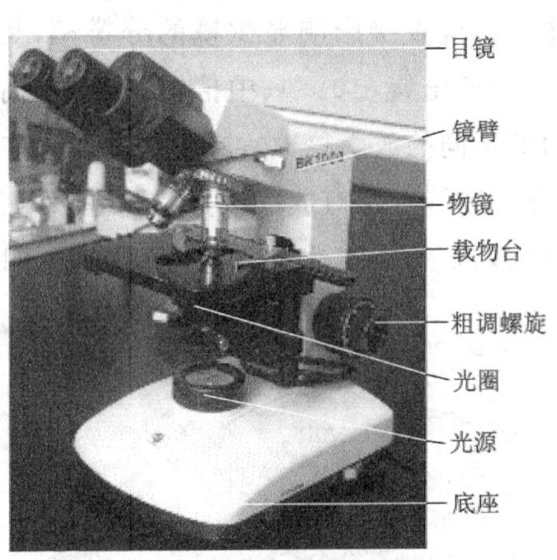

图2-13　光学显微镜构造示意图

(1) 机械装置

主要包括:

① 镜座和镜臂。镜座位于显微镜底部，镜臂用来支持镜筒，稳固和支持显微镜。

② 镜筒。镜筒是上连目镜、下连转换器的圆筒，长度一般固定，由金属制成。

③ 物镜转换器。物镜转换器是安装物镜的圆盘。物镜的安装顺序一般按照放大倍数由低到高进行安装，根据实验需要进行选用。转换物镜时，用手推转圆盘进行物镜切换。

④ 载物台。载物台用于放置待观察的玻片。载物台上装有压片夹和移动器，压片夹用于固定玻片，移动器可以调节玻片位置，使其进行前后左右移动。有些移动器上标有刻度，可用于标记玻片的位置，利于重复观察。

⑤ 调节器。调节器由粗准焦螺旋和细准焦螺旋组成，用于调节物镜和玻片之间的距离，使物像清晰。细准焦螺旋旋转一周可使物镜上升或下降约 0.1 mm，粗准焦螺旋旋转一周可使物镜上升或下降约 10 mm。

（2）光学系统

主要包括：

① 物镜。物镜的作用是放大玻片，产生物像。物镜第一次将玻片放大，形成倒立的像。物镜直接影响显微镜的分辨率，是显微镜中最重要的部件。物镜一般分为低倍镜（10×）、中倍镜（20×）、高倍镜（40×～60×）以及油镜（100×）等不同的放大倍数，油镜上刻有“OI”或“HI”，有的刻有黑线或红线加以区分。物镜上标有放大倍数、数值孔径、工作距离（玻片至物镜下端的距离，mm）以及盖玻片的厚度等，如图 2-14 所示。以高倍镜

图 2-14　光学显微镜的物镜

(40×)为例,40/6.25 表示放大倍数为 40 倍,数值孔径为 6.25;160/0.17 表示镜筒长度为 160 mm,盖玻片厚度为 0.17 mm。

② 目镜。目镜是把经物镜放大的物像再次放大。目镜结构比较简单,由两块透镜组成,上端为目透镜,下端为聚透镜,在两个透镜之间有一个光阑,其大小决定了视野的大小。由于物镜放大后的像落在光阑平面上,所以,在光阑上可以安装目镜测微尺。目镜上标示其放大倍数,因为不同的放大倍数的目镜的口径大小一致,所以不同倍数的目镜可以互换使用。

显微镜总的放大倍数是物镜和目镜放大倍数的乘积。所以,不同的物镜和目镜搭配,其分辨率也随之改变。在总放大倍数相同的条件下,20 倍物镜和 20 倍目镜的组合不如 40 倍物镜和 10 倍目镜组合分辨率高。

③ 聚光器。聚光器安装于载物台下方,用于聚集光线,其经反光镜反射聚焦于玻片上,增强光线强度,使物像更加清晰,便于观察。聚光器下有可调节的、由金属薄片制作的光圈,用于调节光的强度以及数值孔径的大小。观察颜色较浅或较透明的玻片时,应选择小一些光圈,便于看清玻片。使用低倍镜时,应将聚光器下降;反之,使用高倍镜时,应将聚光器升到最高位置。

④ 反光镜。反光镜位于聚光器下方的镜座上,作用是收集光线,并将其投射于聚光器上。反光镜有两面镜子,一个是凹面镜,另一个是平面镜。它们可以在水平与垂直两个方向上进行旋转。光源充足时使用平面镜,光线较暗时使用凹面镜。

2. 成像原理

光学显微镜是通过透镜进行放大的。单透镜组合在一起形成的透镜相当于凸透镜,放大效果好,可以消除色差和像差。玻片经物镜后先形成一个倒立的实像;当光线传到目镜时,倒立的实像被放大成一个直立的虚像;该像与实物相反,然后传递到视网膜上,人眼看到的是实物被放大后的虚像。

三、实验材料

普通光学显微镜、玻片标本、擦镜纸、香柏油等。

四、实验步骤

1. 打开显微镜光源

将显微镜置于身体正前方的实验台上，打开显微镜，调节光的亮度将低倍镜对准通光孔。低倍镜视野范围较大，便于发现目标进行观察。上升聚光器，调节反光镜，直至视野中出现均匀的亮光为止。

2. 放置标本

降低载物台，或者上调镜筒，将待观察的玻片标本置于载物台的通光孔处，用玻片夹固定玻片，然后使物镜逐渐靠近载物台上的玻片。

3. 调节焦距

用目镜观察的同时转动粗准焦螺旋，如果物像模糊，可以轻微调节细准焦螺旋，直至物像清晰。

4. 观察

根据视野中的物像，观察并绘制相应图形或者拍照记录。

5. 转换高倍镜

如果需要精细观察，则需要更换高倍物镜。转动转换器时，要从显微镜侧面观察物镜是否会碰到载物台上的玻片，以免损伤物镜及玻片。用目镜观察，调节粗准焦螺旋至物像出现，再微调细准焦螺旋，直至物像清晰，将待观察的部位移至视野中央，准备用油镜进行进一步观察。

6. 用油镜观察

聚光器上升到最高处，光阑开到最大。用高倍镜确定好观察部位后，转动粗准焦螺旋，让载物台和物镜远离，在观察的玻片部位滴加一滴香柏油，然后从侧面观察，将油镜转到工作位置，下降镜筒或升高载物台，将油镜浸入到香柏油中，避免镜头与玻片相撞。用目镜进行观察，缓慢调节粗准焦螺旋至出现模糊物像，再用细准焦螺旋缓缓调节至物像清晰。认真观察并绘制视野中的相应图像或者拍照记录实验结果。

7. 显微镜用后处理

关闭电源，上升镜筒或下降载物台，取出玻片。可用擦镜纸蘸取二甲苯擦除残留的香柏油，最后将物镜擦拭干净。目镜和其他物镜如有灰尘，用擦镜纸擦拭干净。将物镜转成“八”字形，将载物台降至最低，聚光器调至最低，最后将显微镜放入相应镜箱中。

五、实验结果

认真观察并绘制在不同放大倍数下，视野中的相应图像或者拍照记录实验结果。

六、注意事项

(1) 移动显微镜时，一手握住镜臂，一手托住镜座，镜身保持直立并贴近人体。不能用单手拎显微镜。

(2) 镜面不要用手随意触摸，以免污染镜面。

(3) 油镜的工作距离极短，因此操作时要加倍小心，防止油镜碰到玻片。

七、思考题

(1) 移动显微镜时应注意些什么？

(2) 为什么使用油镜时要将聚光器升到最高位置？

(3) 使用油镜滴加香柏油的作用是什么？

Ⅱ　相差显微镜

一、实验目的

(1) 了解相差显微镜的基本构造和工作原理。

(2) 掌握相差显微镜的使用方法。

二、实验原理

1. 构造

相差显微镜和普通光学显微镜相比，有三个特殊部件，即环状光阑、带有相板的相差物镜和合轴调整望远镜。

(1) 环状光阑

环状光阑位于聚光器下方，其上有透明的亮环，反光镜的直射光从环状部分透过，形成筒状光柱，再经由聚光器照射至标本。不同的光阑上标有10×、20×、40×等字样，表示更换不同放大倍数的相差物镜，要与相应的环状光阑配合使用。

(2) 带有相板的相差物镜

物镜的后焦平面上装有相板，此装置即相差物镜。相差物镜的镜筒上一般标有“pH”或划有红圈。相板上涂有吸光物质（常用氯化镁），直射光从该部分通过时被吸收了约80%，且直射光通过相板时光波相对提前或推迟1/4波长，导致直射光与衍射光发生干涉作用，加上只有约20%的直射光通过涂层，从而使物体的衍射光均匀分布在相板上。相板上的暗环要与环状光阑上的亮环大小相互配合。观察透明标本时，直射光要准确通过环状相板的暗环，减弱视野亮度，便于观察。

(3) 合轴调整望远镜

合轴调整望远镜是用以调节光阑和相板重合的特制低倍望远镜。使用时，取出一侧目镜，插进合轴调整望远镜，并转动其焦点，直至清晰地看到一明一暗的两个圆环。再调节环状光阑的旋钮，使光阑上亮环与暗的相板上暗环完全重叠。

2. 成像原理

当光通过透明的标本时，标本各部分密度不一致，使光的相位发生改变，形成相位差。相差显微镜采用光干涉的原理，利用环状光阑和相差物镜，将光的相位差转变为可见的振幅差，即波长和振幅发生改变，从而观察到透明标本内的细微结构。

3. 实验材料

酿酒酵母(*Saccharomyces cerevisiae*)水浸片、相差显微镜、显微镜灯和擦镜纸等。

三、实验步骤

1. 安装相差装置

取下原聚光器和物镜，安装相差物镜和聚光器，将转盘转至“0”位，用10×相差物镜调光。

2. 调节光源

(1) 将显微镜置于显微镜灯的后方，灯光阑中心距平面反光镜15 cm

左右。

(2) 将聚光器上升至最高位置把光阑调至最小。

(3) 将光阑大小关至约一半，在平面反光镜上放置一张擦镜纸，调节灯的位置，使灯丝成像在擦镜纸中央，移去擦镜纸后调节聚光器高度，使灯丝的像投射到聚光器的光阑上。

(4) 在滤光片托架上放置绿色滤光片，打开光阑，将酿酒酵母水浸片置于载物台上，用压片夹固定。用 10× 相差物镜调焦至物像清晰。

(5) 关上光阑，降低聚光器高度，使光阑的像和标本都在焦点上，慢慢打开光阑至视野中看到光阑开口边缘，再把光阑充分打开，微调灯和反光镜位置，让视野中央亮度均匀并达到最大亮度。

3. 合轴调整

取下目镜，换上合轴调整望远镜。移动镜筒至能看清相板。调节相差聚光器后的调节器，让相板环和光阑亮环完全重合，如图 2-15 所示。

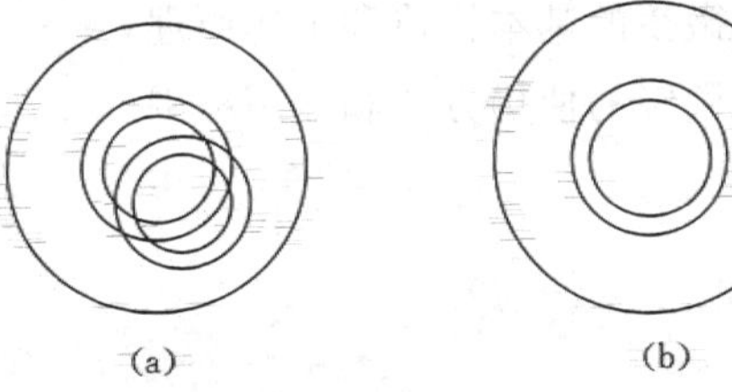

图 2-15　相差显微镜的合轴调节

(a) 环状光阑与相板环不重合；(b) 环状光阑与相板环完全重合

4. 放回目镜

取下合轴调整望远镜，安装目镜。每次更换不同放大倍数的相差物镜，都要用上述方法进行重新调节。

5. 观察

认真观察并绘制视野中酿酒酵母形态的相应图像或者拍照记录实验结果。

四、实验结果

认真观察并绘制视野中酿酒酵母的形态或者拍照记录，并把视野的亮或暗、标本的亮或暗记录下来。

五、注意事项

(1) 观察活体菌制作标本时,不宜挑取过多的菌液。
(2) 载玻片和盖玻片的厚度要适当,否则不宜使用。

六、思考题

(1) 相差显微镜的成像原理是什么?
(2) 相差显微镜与普通显微镜相比,有哪些特殊部件?

Ⅲ 荧光显微镜

一、实验目的

(1) 了解荧光显微镜的基本构造和工作原理。
(2) 掌握荧光显微镜的使用方法和适用范围。

二、实验原理

(一) 成像原理

荧光显微镜(图 2-16)利用标本细胞内的荧光物质,以紫外光或蓝紫光作为光源,使标本产生荧光,通过目镜和物镜的放大,观察细胞内发出荧光

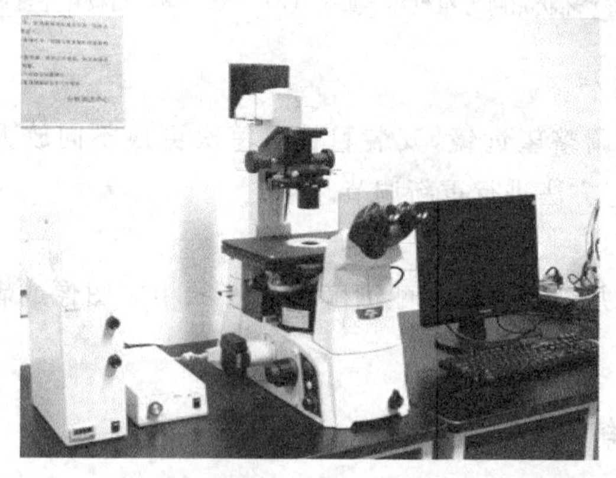

图 2-16 荧光显微镜

的部位，并对荧光的强度进行定性定量分析。具体过程是利用高效的点光源，经滤色系统发出一定波长的紫外光或蓝紫光作为激发光，激发标本的荧光物质发出荧光后，通过物镜后阻断滤光片过滤，再经目镜放大后观察。通过目镜观察到的颜色不是标本的颜色而是荧光的颜色。阻断滤光片可以阻挡激发光进入物镜避免损害眼睛，也可以让特定波长的荧光通过，表现单一的荧光颜色。

（二）基本构造

荧光显微镜与普通光学显微镜相比，有如下一些特殊部件：

1. 荧光光源

荧光显微镜光源为紫外光或蓝紫光，常用氙灯、高压汞灯或弧光灯作为激发光源。

2. 滤色系统

激发滤光片和阻断滤光片共同构成滤色系统。激发滤光片位于聚光镜和光源之间，用于选择激发光波长，使不同波长的可见光被吸收。激发滤光片分为两种，即只让 325～500 μm 波长范围的光通过和只让 275～400 μm 波长范围的光通过。阻断滤光片在物镜上方或目镜下方，阻断激发光进入视野，呈现单一荧光颜色。

3. 吸热装置

高压汞灯和弧光灯在发射紫外线时会放出热量，因此，应使光线通过吸热水槽进行散热。

三、实验材料

荧光显微镜、擦镜纸、香柏油、草分枝杆菌、吕氏碱性美蓝染色液、齐氏石炭酸复红染色液、3％盐酸酒精溶液等。

四、实验步骤

（1）打开灯源。先将高压汞灯进行预热，高压汞灯要经过预热后才能最亮。

（2）根据使用的荧光显微镜类型不同安装激发滤光片和阻断滤光片。

（3）用低倍镜进行观察，调整光源，使光源中心位于整个光斑中央。

(4) 放置抗酸染色标本。

(5) 调整焦距,在玻片上滴加香柏油后,在荧光显微镜下仔细观察。

五、实验结果

观察菌体的形态,绘制或拍照记录实验结果。

六、注意事项

(1) 镜检荧光时应在光线较暗的室内进行,减少镜检时间。

(2) 不可频繁打开高压汞灯,否则会减少汞灯的使用寿命。

(3) 镜检时,可先用可见光找到观察部位,再用荧光进行观察,延长荧光消退时间。

七、思考题

(1) 荧光显微镜的成像原理是什么?

(2) 荧光显微镜中两个滤光片的作用是什么?

Ⅳ 扫描电子显微镜

一、实验目的

(1) 了解扫描电子显微镜的基本构造和工作原理。

(2) 掌握扫描电子显微镜的使用方法。

二、实验原理

扫描电子显微镜与普通光学显微镜相比有如下特点:扫描电子显微镜可以直接观察标本表面结构;制备标本简便;标本可以在立体空间内进行平移旋转;图像有立体感,分辨率高;对样品的损伤小,便于分析等。

(一) 基本构造

1. 镜筒

镜筒包含电子枪、物镜、聚光镜和扫描系统等,可以产生强电子束;利用该电子束扫描标本表面,并激发出信号。物镜和聚光镜是磁透镜,可以缩窄电子束。

2. 电子信号收集与处理系统

扫描电子束与标本发生作用后产生信号，主要有二次电子、吸收电子、背散射电子、X射线等。其中最主要的是二次电子，其产生主要取决于标本表面形状及其组成成分。用于检测二次电子的部件是闪烁体，电子打到闪烁体上时，产生的光被光导管传到光电倍增管，光信号变为电流信号，经放大后，电流信号变为电压信号，然后传至显像管。

3. 电子信号显示与记录系统

扫描电子显微镜的图像在显像管中呈现，并被拍照记录。显像管分为长余辉和短余辉两种。长余辉用于观察，其分辨率较低；短余辉用来拍照记录，其分辨率较高。

4. 电源及真空系统

电源系统为扫描电子显微镜各部件提供所需电源，真空系统由机械泵和油扩散泵组成，可以使镜筒内达到 10^{-4}～10^{-5} Torr 的真空度。

（二）成像原理

阴极发出的电子束，在加速电压作用下，穿过镜筒，经聚光镜和物镜的作用，成为直径缩小至几纳米的电子探针。该探针在扫描线圈作用下，于标本表面进行扫描且激发出电子信号。电子信号被放大、转换变为电压信号，最后到达显像管的栅极上。显像管中电子束扫描与标本表面扫描同步，获得相应的扫描电子图像。

三、实验材料

大肠埃希氏菌（*Escherichia coli*）斜面、丙酮、乙醇、0.1 mol/L pH 值 7.2 磷酸缓冲液、1%锇酸、2%戊二醛溶液、醋酸异戊酯、液体二氧化碳、扫描电子显微镜、真空喷镀仪、临界点干燥仪、盖玻片等。

四、实验步骤

1. 固定及脱水

进行扫描电子显微镜观察时要求样品必须干燥，且表面可导电。生物样品易受损，在处理前要先进行固定。利用水溶性、表面张力低的乙醇进行梯度脱水,减少样品在干燥时因表面张力而发生变化。将大肠杆菌菌苔涂在面积为 4～6 mm^2 盖玻片上,并标记有样品的一面。自然干燥后在普通光学显微镜下观察,菌体较密,但又不堆叠为适宜样品量。将上述玻片样品放于 0.1 mol/L、pH 值 7.2 磷酸缓冲液中,在冰箱中固定过夜。固定结束后,用 0.15%、pH 值 7.2 磷酸缓冲液进行冲洗,依次用 40%、70%、90%和 100%的乙醇进行脱水,每次脱水 15 min。结束后,用醋酸异戊酯置换乙醇。或者采用离心洗涤法进行固定和脱水,再将样品涂在玻片上。

2. 干燥

将上述制备样品放在临界点干燥仪中,并浸泡在液体二氧化碳中,加热到临界点温度以上,使样品汽化干燥。这一方法的原理是利用盛有液体的密闭容器,升高温度,加快蒸发速率,增大气相密度,降低液相密度;当气相和液相的密度相等时,界面消失,表面张力消失,此时的温度和压力即为临界点。用临界点较低的二氧化碳置换出生物样品内部的脱水剂,可以避免表面张力对样品的破坏。

3. 喷镀后观察

将样品玻片置于真空喷镀仪中,在样品表面进行镀金。样品取出后即可放在扫描电子显微镜中进行观察。

五、实验结果

绘制或拍摄扫描电子显微镜中观察到的生物样品的形态。

六、思考题

(1) 简述扫描电子显微镜的成像原理。

(2) 用扫描电子显微镜观察样品时,为什么要进行固定?

实验七 微生物的制片和染色

微生物含有大量水分,与其背景无明显的明暗差别。大多数微生物进行镜检之前,都应进行染色。在实际实验过程中,应根据不同微生物的特点选择合适的制片方法与染液,便于获得较好的实验结果。

Ⅰ 微生物制片技术

在显微镜下观察微生物，需要事先将微生物制片。制片的质量直接影响观察效果。常用的制片方法如下：

（一）涂片法

在洁净的载玻片上滴一滴无菌水（或用灭菌后的接种环挑 1～2 环无菌水），用灭菌后的接种环从固体培养基表面挑取少量菌苔涂成菌膜，手持玻片，让有菌膜的一面朝上，在酒精灯火焰上过微火 3 次固定。

（二）压滴标本法

在一洁净载玻片右侧用记号笔注明菌体的名称，点燃酒精灯，在载玻片的中央滴一滴无菌水，在无菌操作条件下挑取少量菌苔置于载玻片中央的无菌水中，涂抹均匀。将洁净的盖玻片的一端与菌液接触，然后缓缓放下盖玻片，防止产生气泡。如有气泡产生，可以用镊子轻轻敲击盖玻片，以便赶走气泡。

（三）悬滴标本法

在洁净的盖玻片的四角涂上凡士林，并在载玻片中央滴一滴无菌水，在无菌操作条件下用接种环蘸取少量菌苔置于无菌水中，避免水滴破散。将凹玻片凹面朝下，对准盖玻片中央水滴，轻压，保证凹玻片与盖玻片紧密贴合。然后，快速将凹玻片翻转过来，盖玻片处于凹玻片上方即可在显微镜下进行观察。

（四）插片法

将灭菌的盖玻片斜插进接种有放线菌的培养基中，培养一定时间后，放线菌菌丝会沿着盖玻片生长并黏附在上面。取出盖玻片，放在载玻片上，在显微镜下进行观察。

（五）搭片法

在无菌操作条件下，用无菌解剖刀在无菌平板培养基上开出宽为0.5 cm 左右的小槽，并取出槽内的培养基，用接种环以无菌操作的方法挑取少许放线菌孢子接种到培养基的槽内。然后在槽面上盖上无菌盖玻片，倒置平板在 28 ℃的培养箱内培养 3～7 d。

（六）玻璃纸法

先把无菌的玻璃纸盖在平板表面，然后将放线菌接种在玻璃纸上，培养一段时间后，放线菌在玻璃纸上形成菌苔，取出玻璃纸，将其固定于载玻片上，在显微镜下观察。

(七) 印片法

用接种铲将菌苔连同紧贴菌苔的培养基取出一小块，放在无菌的载玻片上(有菌苔的一面朝上)。玻片在微火上加热，冷却后，取另一个无菌的盖玻片轻轻放在培养基小块上印下菌苔。然后将此盖玻片放在滴有染液的载玻片上准备镜检。印片时，避免压破培养基，改变菌体的形态，影响镜检。

(八) 其他方法

其他方法包括透明膜培养法、载片培养法和埋片法等。

Ⅱ 细菌的简单染色

细菌的染色和涂片是微生物实验中的一个基本技能。由于细胞小而透明，在普通光学显微镜下不易观察，因此，必须对它们进行染色，使染色后的菌体与其背景形成明显色差，从而能够清楚地观察菌体的形态结构。细菌的简单染色操作简便，仅用一种染料使菌体着色，适用于观察菌体的一般形状，不适用于观察菌体内部结构。

一、实验目的

(1) 熟知细菌的染色原理。

(2) 掌握细菌的制片和染色方法。

(3) 观察细菌的形态特征。

二、实验原理

用于生物染色的染料主要有碱性染料、中性染料、酸性染料三大类。碱性染料的离子带正电荷，能和带负电的物质结合。因细菌的等电点较低，当它处于中性、碱性或弱酸性的环境中常常带有负电荷，所以通常采用碱性染料(如美蓝、结晶紫、碱性复红或孔雀绿等)进行染色。酸性染料带负电荷，能与带正电荷的物质结合。当细菌分解糖类产生酸使培养基的pH值下降时，细菌所带正电荷增加，因此能被伊红、酸性复红或刚果红等酸性染料着色。中性染料是酸性染料和碱性染料的结合，又称为复合染料，如伊红美蓝、伊红天青等。

对细菌进行染色前，必须先进行固定，以便杀死细菌并使其黏附于玻片，并且能增加对染料的亲和力。可采用加热法和化学法进行固定，固定时尽量维持细菌原有的形态。

三、实验材料

(1) 菌种：大肠埃希氏菌(*Escherichia coli*)。

(2) 仪器：显微镜。

(3) 染液：草酸铵结晶紫。

(4) 其他：载玻片、接种环、酒精灯、火柴、无菌水、香柏油、擦镜纸等。

四、实验步骤

1. 涂片

取出保存在酒精溶液中的载玻片，在酒精灯上点燃除去残留酒精，冷却后，在洁净载玻片中央滴一滴无菌水或用无菌接种环挑 1～2 环无菌水，用无菌接种环挑取少量菌体与水滴充分混匀，涂成薄薄的菌膜，涂布面积约 1 cm^2。

2. 干燥

让涂片在室温下自然晾干或者用酒精灯的微火烘干。

3. 固定

手持载玻片一端，让有菌膜的一面朝上，让载玻片通过微火 3 次，待玻片冷却后，再滴加染液。

4. 染色

在载玻片上滴加草酸铵结晶紫染液，以覆盖住菌膜为宜，染色 3 min 左右。

5. 水洗

倾去染色液，让水从玻片的一端慢慢流向另一端，冲去染色液，直至冲下的水无染色液的颜色为止。

6. 干燥

自然干燥或者用吸水纸轻轻吸干玻片上的水分，避免擦去菌体。

7. 镜检

观察时先用低倍镜再换用高倍镜，最后用油镜，绘制或拍照记录细菌形态。

8. 后处理

镜检完毕后，按本章实验六第Ⅰ部分普通光学显微镜操作步骤 7 的方法清洁显微镜。用洗衣粉水煮沸带有菌膜的玻片，最后用水冲洗后晾干。

以上步骤示意图见图 2-17。

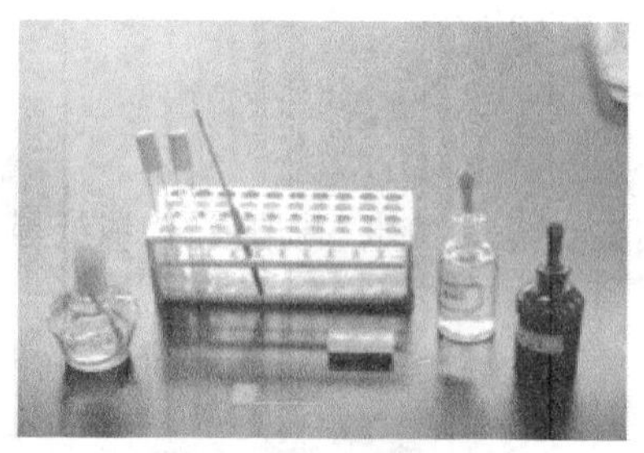

步骤1 准备涂片用具和材料

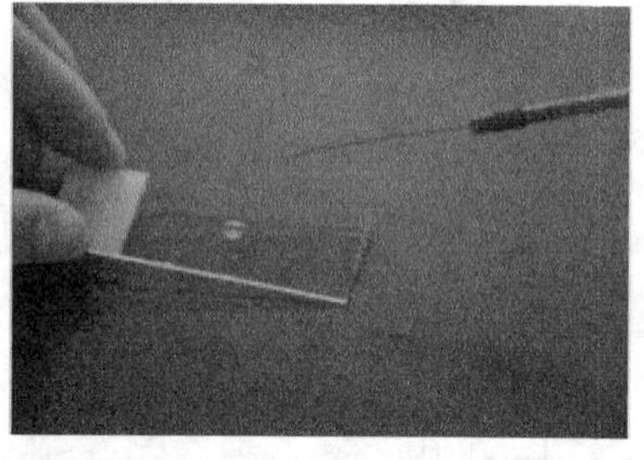

步骤2 用无菌接种环挑取一环水至载玻片中央

步骤3 挑取菌体适量与水滴充分混匀

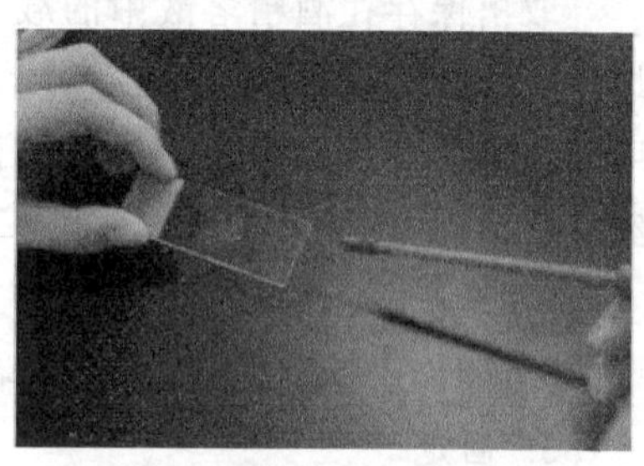

步骤4 涂片在室温下自然晾干

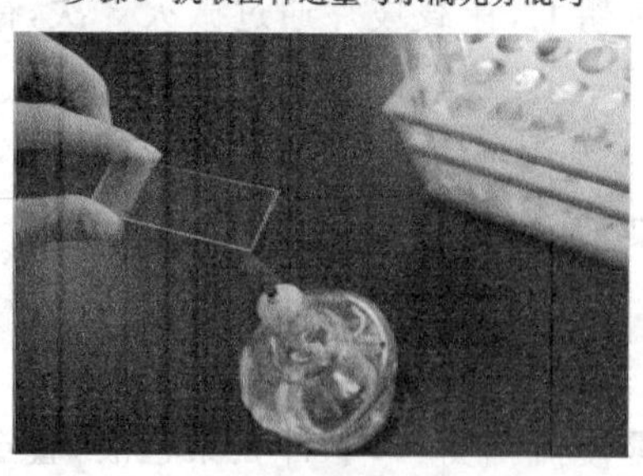

步骤5 载玻片过微火3次进行固定

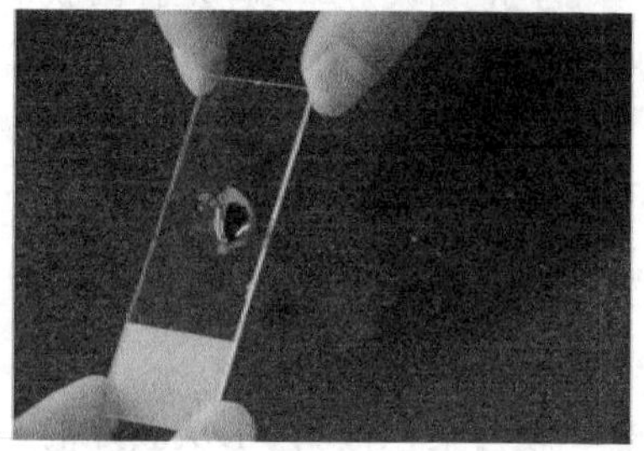

步骤6 染色

图 2-17 涂片操作

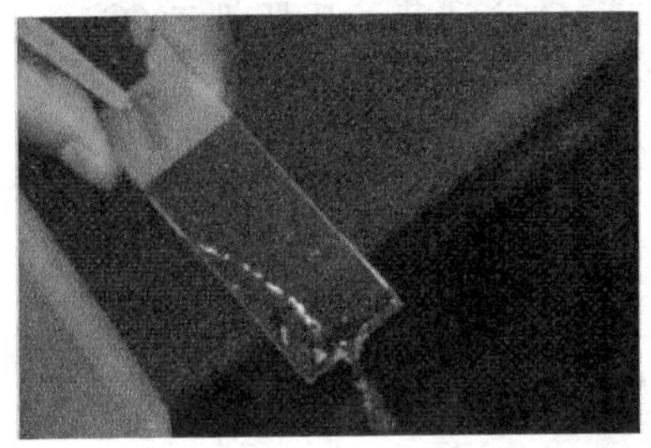
步骤7　水洗

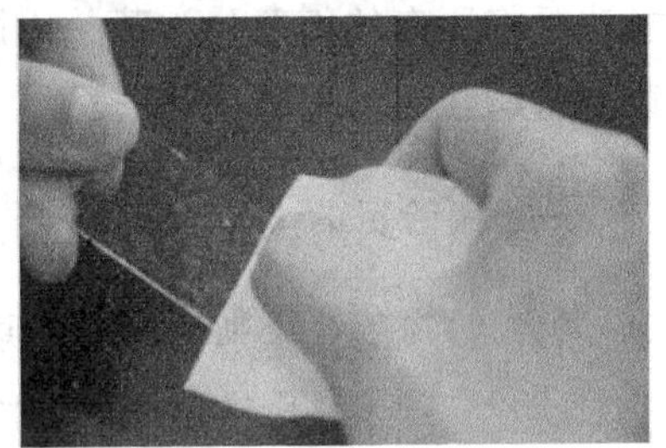
步骤8　用吸水纸将多余水分擦干，镜检

续图 2-17　涂片操作

五、实验结果

将实验观察结果记录在表 2-4 中。

表 2-4　实验结果记录表

菌种名称	染液名称	菌体颜色	菌体形态特征

六、注意事项

(1) 涂片时，无菌水不要滴得太多，否则干燥时间会大大延长，影响实验进程。

(2) 挑菌宜少，菌膜不可出现堆叠现象。

(3) 固定时，要使用微火，用手触摸载玻片背面，以不烫手为宜，且不能将载玻片放在火上烤。

七、思考题

(1) 简述涂片进行固定的原因及固定的注意事项。

(2) 分析染色过程中出现的问题。

Ⅲ　革兰氏染色法

革兰氏染色法是丹麦病理学家 C. Gram 于 1884 年创立的。革兰氏染色法可将所有的细菌分为革兰氏阳性菌(G^+)和革兰氏阴性菌(G^-),是细菌学中最常用的鉴别染色法。

一、实验目的

(1) 熟知革兰氏染色的基本原理。

(2) 掌握革兰氏染色法的操作步骤。

二、实验原理

革兰氏染色法先用结晶紫初染,再加碘液进行媒染,增加染料与细胞的亲和力,然后用脱色剂乙醇(或丙酮)脱色处理,最后用番红复染。若细菌不被脱色保留初染的颜色,即呈现紫色,则该细菌为革兰氏阳性菌;若细菌被脱色染上番红的颜色,呈现红色,则该细菌为革兰氏阴性菌。这是革兰氏染色的四步法,也称为经典法。

革兰氏染色分为革兰氏阳性菌(G^+)和革兰氏阴性菌(G^-)的原因在于这两类细菌细胞壁的结构和成分的差异。革兰氏阳性菌(G^+)细胞壁中的肽聚糖层较厚且交联度高,类脂质含量较少,经脱色剂乙醇等处理后使肽聚糖网孔径缩小,通透性下降,因此细菌保留初染的紫色。由于革兰氏阴性菌(G^-)细胞壁中肽聚糖层薄而疏松,交联度低,类脂质含量多,且易被脱色剂溶解,增加了细胞壁的通透性,这使结晶紫和碘的复合物溶出,细菌被脱色,再用番红复染,细菌便呈现红色。

革兰氏染色是细菌的重要鉴别特性,为保证实验结果的准确性,我国学者黄元桐等建立了革兰氏染色的三步法,使实验操作简便、结果更可靠。

三、实验材料

(1) 菌种:大肠埃希氏菌(*Escherichia coli*)、枯草芽孢杆菌(*Bacillus subtilis*)。

(2) 试剂:草酸铵结晶紫染液、鲁哥氏碘液、95%乙醇、番红染液、碘液(碘 1 g,碘化钾 2 g,蒸馏水 100 mL)、复红乙醇溶液(碱性复红 0.4 g,95%乙醇 100 mL)。

(3) 实验器具:普通光学显微镜、香柏油、接种环、载玻片、酒精灯、吸水纸、擦镜纸等。

四、实验步骤

(一) 革兰氏染色四步法(经典法)

1. 涂片

(1) 常规涂片:从酒精溶液中取出一个洁净的载玻片,在酒精灯上烧去残留酒精,冷却后,用无菌接种环挑 1～2 环水置于载玻片中央,在无菌操作条件下,再用接种环分别挑取少许大肠埃希氏菌、枯草芽孢杆菌(挑取的大肠杆菌的量应略多于枯草芽孢杆菌的量)与载玻片上的水混合均匀,涂成极薄的菌膜。

(2) 三区涂片:在洁净玻片的两端分别用无菌接种环挑 1～2 环水,无菌操作条件下,再用接种环挑取少许大肠杆菌与左侧水滴混合均匀,并将少量菌液延伸至玻片中央位置。用同样的方法挑取少许枯草芽孢杆菌放在右侧水滴中混匀,并将少量枯草芽孢杆菌菌液延伸至玻片中央位置,与大肠杆菌混合形成含有两种细菌的混合区域。三区涂片示意图见图 2-18。三区涂片用于对未知菌种进行革兰氏染色。

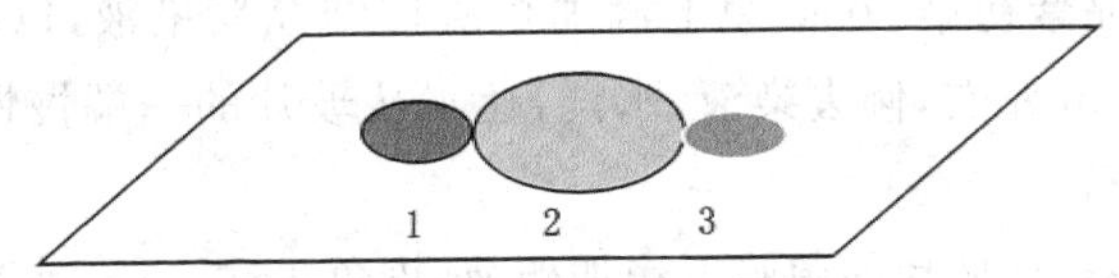

图 2-18　三区涂片示意图

1——大肠杆菌区;2——两菌混合区;3——枯草芽孢杆菌区

2. 干燥

让制作的涂片在空气中自然干燥。

3. 固定

手持载玻片一端,让有菌膜的一面朝上,将载玻片通过微火 3 次,勿将载玻片放在火上烤。待载玻片冷却后,再滴加染液。

4. 染色

(1) 初染:在玻片上滴加草酸铵结晶紫染液,以覆盖住菌膜为宜,染色 2 min 左右,倾去染液,用自来水细小的水流冲洗,让水从玻片的一端慢慢流向另一端，洗去染色液。

(2) 媒染：滴加鲁哥氏碘液于玻片上，染色 2 min 左右，水洗。

(3) 脱色：滴加 95%乙醇溶液于玻片上，轻轻摇动玻片后倾去乙醇，然后终止脱色，用水冲洗，用吸水纸吸干玻片上多余水分。

(4) 复染：滴加番红染液于玻片上，染色 3 min 左右，水洗，再用吸水纸轻轻吸干水分。

5. 镜检

用油镜观察菌体的形态特征，区分出革兰氏阳性菌和革兰氏阴性菌。

6. 后处理

按本章实验六第Ⅰ部分普通光学显微镜操作步骤 7 的方法清洁显微镜。用洗衣粉水煮沸带有菌膜的玻片，最后用水冲洗后晾干。

(二) 革兰氏染色三步法

1. 制片方法

制片方法同革兰氏染色四步法中的涂片、干燥和固定等操作。涂片时，对于未知菌种可以采取单菌涂片或者三区涂片。

2. 染色和脱色

(1) 结晶紫初染：在菌膜上滴加草酸铵结晶紫染液，以覆盖住菌膜为宜，染色 2 min 左右，倾去染液，水洗，让水从玻片的一端慢慢流向另一端，除去残余水分。

(2) 媒染：在玻片的菌膜上滴加碘液，染色 1～2 min，水洗，用吸水纸除去水分。

(3) 脱色与复染：在玻片上滴加复红乙醇溶液，保持 1 min 左右，水洗，吸干水分。

3. 镜检

用油镜观察菌体的形态特征，区分出革兰氏阳性菌和革兰氏阴性菌。

4. 后处理

按本章实验六第Ⅰ部分普通光学显微镜操作步骤 7 的方法清洁显微镜，用洗衣粉水煮沸带有菌膜的玻片，最后用水冲洗后晾干。

五、实验结果

将革兰氏染色结果记录于表 2-5 中，并将实验结果拍照附于实验报告中。

表 2-5 实验结果记录表

菌种名称	菌体颜色	菌体形态	G^+ 或 G^-
大肠埃希氏菌（*Escherichia coli*）			
枯草芽孢杆菌（*Bacillus subtilis*）			

六、注意事项

(1) 革兰氏染色的关键是脱色时间的控制。如脱色过度，革兰氏阳性菌会被误认为是革兰氏阴性菌；如脱色时间过短，革兰氏阴性菌会被误认为是革兰氏阳性菌。脱色时间与菌膜厚度、脱色时晃动玻片程度和乙醇用量有关，难以进行严格规定。一般可以用革兰氏阳性菌和革兰氏阴性菌进行练习，以便掌握脱色时间。

(2) 选用菌龄为 18～24 h 的细菌。若菌龄过大、菌体死亡或自溶会使革兰氏阳性菌呈现革兰氏阴性菌的反应。

(3) 染色过程中勿使菌液干涸。用水冲洗后，要用吸水纸吸取残留水分，以免稀释染液，影响染色效果。

七、思考题

(1) 革兰氏染色法的操作原理是什么？

(2) 固定杀死菌体和自然死亡的菌体有何区别？

(3) 革兰氏染色经典法中，不经复染，能否区别革兰氏阳性菌和革兰氏阴性菌？

(4) 革兰氏染色的关键步骤是什么？为什么？

Ⅳ 细菌的芽孢染色法

芽孢是某些细菌生长到一定阶段在菌体内形成的圆形或椭圆形的休眠体，其大小和形状以及在菌体中的位置是鉴定细菌的重要因素。芽孢在合适条件下能够吸水萌发，形成一个新菌体，且对不良环境有很强的抗性。

因此在实际生产和实验中,以能否杀死芽孢作为评价灭菌效果的重要指标。在微生物学实验中,通常用芽孢染色法观察其形态。

一、实验目的

(1) 了解细菌芽孢染色的基本原理。

(2) 掌握细菌芽孢的染色方法。

(3) 学会识别细菌涂片中的芽孢。

二、实验原理

芽孢具有厚而致密的壁,透性低,不易着色。用一般的染色方法可使菌体着色但不能使芽孢着色,芽孢呈现透明轮廓,但一旦使芽孢着色后便难以对其进行脱色。因此,芽孢染色法利用芽孢难以染色且染色后又难以脱色这一特点进行设计。芽孢染色法基于一个原则:除了用着色力强的染料染色外,还需要加热促进芽孢染色,然后使菌体脱色,而芽孢中的染料难以脱去,仍然保留原有颜色。经过用对比度强的染料复染,让菌体和芽孢呈现不同的颜色,因而衬托出芽孢,便于观察。

三、实验材料

(1) 菌种:枯草芽孢杆菌(*Bacillus subtilis*)、苏云金芽孢杆菌(*Bacillus thuringiensis*)。

(2) 染色液:5%孔雀绿染色液、石炭酸复红染色液。

(3) 仪器和相关用品:显微镜、擦镜纸、香柏油、二甲苯等。

(4) 其他:酒精灯、接种环、载玻片、镊子、吸水纸、试管等。

四、实验步骤

(一) Schaeffer-Fulton 氏染色法

1. 涂片

按常规法制涂片,将菌液涂成极薄的菌膜。

2. 固定

涂片在空气中干燥后,手持载玻片一端,让有菌膜的一面朝上,让载玻片通过微火 3 次。

3. 染色

(1) 滴加染色液:在玻片上滴加 5%孔雀绿染色液,以覆盖住整个涂片为宜。用试管夹夹住玻片,在酒精灯火焰上进行加热,染料开始冒蒸汽时开始计时,维持 5 min。整个加热过程要及时添加染色液,以免标本干涸。

(2) 水洗:待玻片冷却后,用自来水轻轻冲洗玻片,直至流下的水中无孔雀绿染色液的颜色为止。

(3) 复染:在玻片上滴加石炭酸复红染色液,维持 2~3 min。

(4) 水洗:倾去染色液,水洗,用吸水纸将多余水分吸干。

4. 镜检

用油镜观察菌体和芽孢的颜色和形态特征。

(二) 改良的 Schaeffer-Fulton 氏染色法

1. 制备菌液

取一支小试管,加入 1~2 滴蒸馏水,用接种环挑取少量菌苔于试管中,充分混匀,制成浓稠的菌液。

2. 加染色液

在小试管中滴加 2~3 滴 5%孔雀绿染色液,用接种环搅拌均匀。

3. 加热染色

将小试管置于沸水浴中加热 15~20 min,使菌体和芽孢着色。

4. 涂片

用接种环从小试管中挑取少量菌液置于洁净载玻片上,涂成极薄的菌膜。

5. 固定

涂片在空中干燥后,手持载玻片一端,让有菌膜的一面朝上,让载玻片通过微火 3 次。

6. 脱色

水洗载玻片,直至流下的水中无孔雀绿染色液的颜色为止,此时菌体中的染料溶出,芽孢仍保持着色。

7. 复染

在玻片上滴加石炭酸复红染色液,维持 2~3 min。倾去染色液,无需水洗，用吸水纸将多余染液擦干。

8. 镜检

用油镜观察菌体和芽孢的颜色和形态特征。

五、实验结果

将观察到的实验结果记录于表2-6中，绘图或拍照记录实验结果。

表2-6 实验结果记录表

菌名	菌体颜色	芽孢颜色	芽孢的形态特征及着生位置

六、注意事项

(1) 供芽孢染色的菌种应控制菌龄。

(2) 加热染色时，要及时添加染液，避免菌液干涸，且加热的温度不能过高。

(3) 改良法染色时，首先要制备浓稠的菌液，充分混匀后，再挑取菌液，否则，菌体易沉在试管底部，涂片时菌体较少。

(4) 水洗复染前，一定要等玻片冷却。

七、思考题

(1) 简述芽孢染色法的原理。

(2) 简述芽孢染色涂片上出现大量游离芽孢的原因。

V 细菌的荚膜染色法

荚膜是包在细胞壁外的一层疏松、胶黏状物质，主要由多糖组成。少数细菌荚膜由多肽和其他复合物组成。荚膜是鉴别细菌的特征之一。一般荚膜只包裹一个细菌，但也有荚膜同时包裹多个细菌形成菌胶团。荚膜的折射率低，要用特殊染色法才能观察清楚。

一、实验目的

(1) 了解细菌荚膜的染色基本原理。

(2) 掌握细菌荚膜的染色方法。

二、实验原理

荚膜与染料的亲和力弱，不易着色，通常采用负染色法，即设法使菌体和背景着色，而荚膜不着色，从而使荚膜在菌体周围呈现一层透明圈。由于荚膜含水量一般在90%以上，故染色时一般不进行加热固定，防止荚膜皱缩变形。

三、实验材料

(1) 菌种：胶质芽孢杆菌(*Bacillus mucilaginosus*)(即钾细菌)。

(2) 试剂：黑墨水(过滤后备用)、6%葡萄糖溶液、1%甲基紫水溶液、甲醇、Tyler 染色液(0.1 g 结晶紫、0.25 mL 冰醋酸、100 mL 蒸馏水)、20%硫酸铜水溶液、3%盐酸酒精、2%刚果红染液等。

(3) 其他：显微镜、香柏油、二甲苯、擦镜纸、接种环、载玻片、吸水纸、试管、烧杯等。

四、实验步骤

(一) 湿墨水法

(1) 制备菌液：在洁净的载玻片中央滴加一滴墨水，用接种环挑取少量菌体与墨水混匀。

(2) 加盖玻片：放一个洁净的盖玻片于混合液中，并在盖玻片上放上一张吸水纸，轻轻按压，吸去多余混合液。

(3) 镜检：观察时先用低倍镜，再换用高倍镜。

结果：菌体较暗，背景呈现灰色，荚膜无色透明。

(二) 干墨水法

(1) 制备菌液：在洁净的载玻片一端滴加一滴6%葡萄糖溶液，用接种环挑取少量的钾细菌与其充分混合，再加一环墨水，混匀。

(2) 制片:左手执玻片,右手取一个边缘光滑的载玻片,将载玻片一端与菌液前方接触,让菌液沿玻片接触后缘散开,以30°角迅速均匀地将菌液拉向载玻片的另一端,使其铺成均匀的薄膜,如图2-19所示。

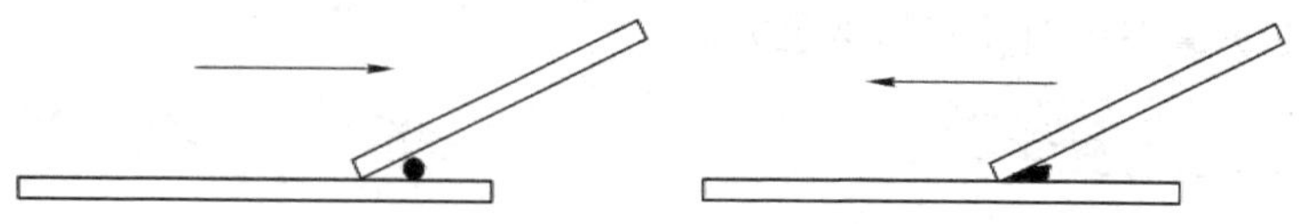

图2-19 干墨水法推片示意图

(3) 干燥:让涂片自然晾干。

(4) 固定:用甲醇浸没涂片,维持1 min,随即倾去甲醇。

(5) 干燥:在酒精灯上方用文火干燥涂片。

(6) 染色:用甲基紫染色1～2 min。

(7) 水洗:用自来水轻轻冲洗染液,自然晾干。

(8) 镜检:观察时先用低倍镜,再换用高倍镜。

结果:菌体呈紫色,背景呈现灰色,荚膜呈一无色透明圈。

(三) Tyler法

(1) 涂片:按常规涂片法制涂片,用接种环多挑一些菌苔与水充分混合,将黏稠菌液涂开,但涂布面积不宜过大。

(2) 干燥:让涂片在空气中自然晾干。

(3) 染色:用Tyler染色液染色5～7 min。

(4) 脱色:用20%硫酸铜水溶液洗去结晶紫,脱色要适度,冲洗两边即可。用吸水纸吸干后立即滴加1～2滴香柏油,防止硫酸铜结晶出现。

(5) 镜检:先用低倍镜观察,再换用高倍镜。

结果:菌体呈现紫色,背景呈蓝色,荚膜呈现淡紫色或无色透明。

(四) 刚果红染色法

用接种环取一环2%刚果红染液于洁净的载玻片中央,在无菌操作条件下,取少量菌体与玻片上的刚果红染液混合均匀,涂成薄薄的菌膜,然后滴加3%盐酸酒精,自然晾干后进行镜检。

结果:菌体呈浅蓝色,背景呈蓝色,荚膜呈无色透明状。

五、实验结果

将利用不同染色方法的荚膜染色实验结果记录于表 2-7 中,并绘制或拍照记录镜检结果。

表 2-7　　实验结果记录表

染色法	菌体、背景颜色及荚膜的颜色和形态
湿墨水法	
干墨水法	
Tyler 法	
刚果红染色法	

六、注意事项

(1) 不可进行加热固定,以免荚膜皱缩变形。

(2) 湿墨水法加盖玻片时,避免产生气泡,否则会影响观察效果。

(3) 在干墨水法中,涂片干燥时要用酒精灯的文火进行干燥,不能使玻片发热。

(4) Tyler 法中,染色液要用 20%硫酸铜水溶液冲洗。

七、思考题

(1) 荚膜染色的原理是什么?

(2) 荚膜染色为什么不能加热固定?

(3) 根据实验结果,分析总结荚膜染色过程中的注意要点。

Ⅵ　细菌的鞭毛染色法

鞭毛由鞭毛丝、钩形鞘和基体三部分组成,可以帮助细菌运动,是鉴定细菌的重要特征之一。除鞭毛丝外,其余部分只能在电子显微镜下才能观察到。实验室中,常用鞭毛染色法染色后,在普通光学显微镜下观察鞭毛的外形、数量以及着生位置。如果仅判断细菌是否有鞭毛,可以制作活细菌的水浸片，用暗视野显微镜观察细菌是否有规则运动，从而判断该细菌是否有鞭毛。

一、实验目的

(1) 了解细菌鞭毛染色的基本原理。

(2) 掌握细菌的鞭毛染色方法。

二、实验原理

细菌的鞭毛极细，直径一般为 10～20 nm，只有用光学电子显微镜才能观察到。但如果采用特殊的染色方法，那么在普通光学显微镜下也能观察到鞭毛。鞭毛的染色方法有很多，基本原理是在染色前先用媒染剂处理，使其沉积在鞭毛上，从而使鞭毛直径增加，然后再进行染色。常用的媒染剂由鞣酸和氯化铁或钾明矾配制而成。

三、实验材料

(1) 菌种：菌龄为 15～18 h 的普通变形杆菌(*Proteus vulgaris*)

(2) 试剂：硝酸银染色液(A 液、B 液)、Leifson 氏染色液(A 液、B 液、C 液)、Bailey 氏染色液(A 液、B 液)、萋尔氏石炭酸复红液等。

(3) 其他：显微镜、香柏油、二甲苯、载玻片、擦镜纸、接种环、吸水纸、镊子等。

四、实验步骤

(一) 硝酸银染色法

1. 清洗玻片

选择光洁的玻片，最好使用新玻片。将玻片放在洗衣粉水中煮沸 20 min，取出玻片待冷却后用自来水冲洗，干燥。接着将玻片放入浓洗液中浸泡 5～6 d。使用前取出玻片，用自来水冲去残酸，再用蒸馏水冲洗干净。待玻片干燥后，将其放入 95%乙醇中脱水，然后在酒精灯上烧去残留乙醇，即可使用。

2. 配制染色液

A 液：鞣酸 5 g，$FeCl_3$ 1.5 g，蒸馏水 100 mL。溶解后，加入 1%氢氧化

钠溶液和15%甲醛溶液2 mL。B液:硝酸银2 g,蒸馏水100 mL。待硝酸银溶解后,取出10 mL做回滴使用。在剩余90 mL B液中滴加浓氢氧化铵溶液,出现大量沉淀后继续滴加,直到沉淀刚刚消失为止,此时溶液澄清。然后用保留的10 mL B液逐滴加入,直到出现轻微薄雾,这个过程为关键步骤,要认真仔细对待。在滴加过程中,要不断振摇。配制好的染色液当天有效,4 h内使用效果最好。

3. 活化菌种

冰箱中保存的细菌,其鞭毛容易脱落,在染色前应将实验菌种接种到新鲜培养基上(培养基表面湿润、斜面基部含有冷凝水),连续移接培养几代,增强细菌的活力。最后一代细菌应放在37 ℃的恒温培养箱中,培养15～18 h。

4. 菌液的制备和涂片

用接种环挑取菌体数环至装有1～2 mL无菌水的试管中,将该试管置于37 ℃恒温箱中静置10 min,目的是让幼龄的鞭毛展开。然后,用接种环挑取菌液于洁净载玻片的一端,然后立即将玻片倾斜,让菌液缓缓流向玻片另一端。

5. 干燥

用吸水纸吸去多余菌液,自然干燥。

6. 染色

在玻片上滴加A液染色3～5 min。用蒸馏水洗去A液,并用B液冲去残余水分,加B液覆盖于玻片上,用微火加热至冒汽,维持0.5～1 min。加热时及时补充染液,防止涂片干涸,直至涂片显褐色后立即用水冲洗,自然干燥。

7. 镜检

用油镜进行观察。

结果:细菌菌体和鞭毛均呈现褐色至深褐色。

(二) Leifson氏染色法

1. 清洗玻片

方法同(一)。

2. 配制染色液

A液:碱性复红1.2 g,95%乙醇100 mL。B液:鞣酸3 g,蒸馏水100

mL。C液：氯化钠1.5 g，蒸馏水100 mL。染色液分别配制后将其置于磨口玻璃瓶中，在室温下储存。使用前，将三种溶液等体积混合液储存于密封性好的瓶中，在冰箱里可保存数周。在较高温度下，混合液易发生化学变化，降低其着色能力。

3. 菌种活化

方法同(一)。

4. 菌液的制备和涂片

菌液的制备同(一)。用记号笔在载玻片的方面画上记号，将其等分为3或4个区域。用接种环在每一区的一端放一滴菌液，让玻片自然倾斜，使菌液从玻片一端缓缓流向另一端。

5. 干燥

用吸水纸吸去多余菌液，自然干燥。

6. 染色

在第一区滴加Leifson染色液，使其覆盖整个第一区的涂片。几分钟后，将染料加入第二区。以此类推，继续染第三区和第四区。这样做的目的是方便确定合适的染色时间，节约实验材料。在染色过程中要仔细观察，当整个玻片出现铁锈色沉淀，且染料表面出现金色膜时，随即用水轻轻冲洗，整个染色时间约持续10 min。

7. 镜检

自然干燥后，用油镜观察。

结果：细菌菌体和鞭毛均呈现红色。

(三) Bailey氏染色法

1. 清洗玻片

方法同(一)。

2. 配制染色液

(1) 萋尔氏石炭酸复红液

碱性复红0.3 g，95%乙醇10 mL，5%酚100 mL。将染料溶于乙醇中，再加入5%酚。

(2) 媒染液

A液：10%鞣酸水溶液18 mL、6% $FeCl_3 \cdot 6H_2O$ 6 mL。此溶液需要

在使用前 4 d 配好，储可藏时间为 1 个月，使用前需要过滤。

B 液：A 液 3.5 mL，0.5%碱性复红乙醇液 0.5 mL，浓盐酸 0.5 mL。按顺序配制现配现用，超过 15 h，使用效果不佳，超过 24 h 即不能使用。

3. 菌种活化

方法同(一)。

4. 菌液的制备和涂片

方法同(一)。

5. 染色

在玻片上加 A 液染色 5 min，然后倾去 A 液。然后加 B 液染色 7 min，用蒸馏水轻轻洗去染色液，加石炭酸复红液。然后将玻片放在恒温金属板上加热至染色液刚刚冒气开始计时，维持 1～1.5 min。用水轻轻冲净染料，自然干燥。

6. 镜检

用油镜观察。

结果：细菌菌体和鞭毛均呈现红色。

五、实验结果

将细菌鞭毛的染色结果记录在表 2-8 中，绘制或拍照记录油镜视野中的观察结果。

表 2-8　实验结果记录表

菌名	染色方法	菌体和鞭毛的颜色	鞭毛着生位置

六、注意事项

(1) 染色用的玻片必须清洗干净，否则会影响涂片，影响观察结果。

(2) 硝酸银染色法虽易掌握，但是染色液的配制较麻烦。

(3) Leifson 氏染色法受菌种、菌龄和室温等因素限制，因此一定要仔细操作，且染色后，不用倾去染色液，直接用水冲洗，否则会增加背景沉淀。

(4) 细菌鞭毛极细且易脱落，操作过程中要仔细小心。

七、思考题

(1) 细菌鞭毛染色前为什么进行传接培养?

(2) 鞭毛染色过程中应注意些什么?

(3) 分析鞭毛染色实验成败的原因。

Ⅶ 酵母菌和霉菌的染色法

一、实验目的

(1) 了解酵母菌和霉菌染色的基本原理。

(2) 掌握酵母菌和霉菌的制片和活体染色方法。

(3) 掌握用显微镜观察酵母菌和霉菌的形态特征。

二、实验原理

活体染色是指利用某些无毒或毒性很小的染色剂显示出细胞内结构，同时不影响细胞的生命活动、不产生导致细胞死亡的物理化学变化的染色方法。由于活细胞不停地进行代谢活动，还原能力强，所以当某种无毒染料进入活细胞后，可以被还原脱色。当染料进入死细胞或代谢较慢的衰老细胞后，细胞因无还原能力或还原能力较弱而被着色。在中性和弱酸性条件下，活细胞的原生质不能被染色剂着色，若着色则表明细胞死亡，因此可用来区分活菌和死菌。常用的活体染色剂有美蓝(次甲基蓝)、中性红、刚果红等。

三、实验材料

(1) 菌种：酿酒酵母(*Saccharomyces cerevisiae*)、黑曲霉(*Asper gillus miger*)。

(2) 试剂：0.05%美蓝染色液、0.1%美蓝染色液、乳酸酚棉蓝染色液。

(3) 其他：显微镜、香柏油、二甲苯、载玻片、擦镜纸、接种环、吸水纸、镊子等。

四、实验步骤

（一）酵母菌的活体染色及观察

（1）在洁净载玻片中央滴一滴0.1%美蓝染色液，用接种环取少量酵母菌与染液混合均匀，染色3 min。

（2）用镊子夹住盖玻片，使其一端先与载玻片上的菌液接触，再慢慢将盖玻片放下盖住菌液，避免产生气泡。用吸水纸将多余液体吸去。

（3）用高倍镜观察酵母菌的形态和出芽情况，并根据是否染色区别活、死细胞。染上蓝色的是死细胞，无色透明的是活细胞。

（4）染色30 min后，观察活、死细菌的数量是否增加。

（5）用0.05%美蓝染色液重复上述操作。

（二）霉菌的活体染色及观察

（1）在洁净载玻片中央滴一滴乳酸酚棉蓝染色液，用接种环取少量霉菌置于乳酸酚棉蓝染色液中。

（2）用接种针划开菌丝，直到其全部润湿，维持1～2 min。用镊子夹住盖玻片，使其一端先与载玻片上的液体接触，再慢慢将盖玻片放下将其盖住，避免产生气泡。

（3）在显微镜下先后使用低倍镜、高倍镜和油镜观察菌丝的形态。

五、实验结果

（1）观察酵母菌的活细胞数量，绘制或拍照记录显微镜视野中的图像。

（2）观察并记录霉菌菌丝的形态、孢子的形态及着生情况，绘制或拍照记录显微镜视野中的图像。

六、注意事项

（1）活体染色与染料比例、染色时间和染色时的pH值等有关。

（2）在制片过程中，要避免出现气泡，以免影响观察效果。

七、思考题

（1）什么是活体染色？

(2) 根据实验观察结果,比较酵母菌和霉菌在形态上的差异。

实验八 微生物的形态观察

Ⅰ 四大微生物菌落的识别

在光学显微镜下常见的微生物主要有细菌、真菌、放线菌、酵母菌和霉菌等。识别这些微生物的方法有很多,最简单的方法是直接观察它们各自的菌落特征,这对菌种的筛选、鉴定等工作十分重要。菌落是某一微生物的一个或少数几个细胞在(包括)固体培养基上生长繁殖后形成的子细胞集团。菌落的外观形态和特征是细胞形态和特征在宏观上的反映,两者紧密相连。通过平板划线、涂布、稀释等让细菌、放线菌、酵母菌和霉菌在相应的平板上获得各自菌落,菌落的形态特征可用肉眼观察。由于以上四种微生物的细胞形态不同,因而其菌落的形态特征也不相同,从而为识别四类微生物提供了依据。在四类微生物中,细菌和酵母菌的形态比较接近,而放线菌和霉菌的形态比较接近。微生物菌落的形态主要用菌落大小、形状、湿润程度、边缘情况、正反面颜色、中央和边缘颜色、质地粗糙度、紧密程度、厚度、透明度和气味等进行描述。

一、细菌和酵母菌菌落形态的异同

(一) 细菌和酵母菌菌落形态的相似之处

细菌和多数酵母菌都是单细胞生物,菌落内各个细胞之间充满毛细管水、某些代谢物和养料等,因此,细菌和酵母菌呈现相似的菌落,如菌落湿润、光滑、较透明、质地均匀,易挑起,菌落正反面、中央和边缘的颜色一致等。

(二) 细菌和酵母菌菌落形态的不同之处

1. 细菌

细菌因其细胞较小,所以其菌落一般也较小,且较薄、透明并较“细腻”。不同的细菌常产生不同的色素,从而形成不同颜色的菌落。有的细菌具有特殊结构,呈现特有的菌落特征。例如,有鞭毛的细菌常常形成大而扁平、边缘不圆整的菌落；一些运动能力较强的细菌如变形杆菌(*Proteus* spp.)，这一特征更加明显；有的细菌甚至会出现菌落迁移现象。一般无鞭毛的细菌的菌落会形成较小的、隆起、边缘完整光滑的菌落。而具有荚膜的细菌菌落会形成光滑、黏稠、透明、呈鼻浆糊状的大型菌落。有芽孢菌的菌落因芽孢与菌体有不同的折射率而呈现透明度差、表面粗糙、干燥、不平整等特点，有时还有沟槽状外观。另外，很多细菌在生长过程中，会产生很多有机酸或蛋白质分解产物，使菌落散发出一股腐败的臭味。

2. 酵母菌

酵母菌单个细胞比细菌的大(直径大 5～10 倍)，且无运动能力，其繁殖速度较快，一般形成较大、较厚、较透明的圆形菌落。酵母菌一般不产生色素，只有少数种类产生红色素，个别黑色素。假丝酵母菌属的种类因形成藕节状的假菌丝，使菌落边缘快速向外蔓延，形成较扁平和边缘较不平整的菌落。此外，酵母菌常生长于含糖量较高的有机养料上，并产生乙醇等代谢物，因而其菌落常常带有酒香味。

二、放线菌和酵母菌菌落形态的异同

(一) 放线菌和酵母菌菌落形态的相同之处

放线菌和霉菌的细胞均呈丝生长，在固体培养基上生长时，会分化出基内菌丝和气生菌丝。气生菌丝伸向空中，菌丝间相互分离，且无毛细管水形成，因此产生的菌落干燥、不透明，呈现丝状、绒毛状或毡状。基内菌丝伸向培养基内，不易挑取。由于气生菌丝、子实体、孢子和基内菌丝构造、颜色和发育阶段不同，因此菌落的正反面、边缘和中央呈现不同颜色和构造。一般情况下，菌落中心菌龄较大，可较早分化出子实体和孢子，颜色较深。此外，放线菌和霉菌的基内菌丝分泌的水溶性色素或气生菌丝或孢子颜色不同，因而使培养基或菌落呈现不同的颜色。

(二) 放线菌和酵母菌菌落形态的不同之处

1. 放线菌

放线菌为原核生物，菌丝纤细，生长缓慢，在基内菌丝上生成大量气生菌丝，气生菌丝分化出孢子丝，其上形成色泽丰富的分生孢子。由此造成放线菌菌落形态较小，菌丝细小而致密，表面呈粉状，色彩较丰富，不易挑起，菌落边缘的培养基出现凹陷等特征。某些放线菌的基内菌丝因分泌水溶性色素而使培养基染上相应颜色。很多放线菌会产生利于菌体间识别的土腥素，从而使菌落带有特殊的土腥味或冰片气味。

2. 霉菌

霉菌是真核生物，其菌丝直径比放线菌大数倍至十几倍，长度比放线菌大几十倍，且生长速度快。因此，霉菌形成的菌落比放线菌的菌落大，且菌落质地比放线菌致密或疏松。霉菌的气生菌丝随生理年龄的增长会形成一定形状、结构和颜色的籽实器官，所以其菌落表面形成肉眼可见的结构。

四大微生物的识别要点如表 2-9 所列。

表 2-9　　实验结果记录表

菌　落	特　征		相　同　点
细菌菌落	小而扁平	小	湿润、正反面颜色一致、中央与边缘颜色一致
	小而隆起		
酵母菌菌落	大而扁平	大	
	大而隆起		
放线菌菌落	小而致密	小	干燥、正反面颜色不一致、中央与边缘颜色不一致
霉菌菌落	大而致密	大	
	大而疏松		

Ⅱ　细菌的形态观察

一、实验目的

(1) 熟悉细菌的形态。

(2) 掌握利用显微镜观察细菌形态的方法。

二、实验原理

微生物个体微小，用肉眼很难观察到其个体，所以需要借助显微镜观察它们的形态。且微生物细胞较透明，需对其进行染色后才能观察清晰。

细菌个体微小，需要在油镜下观察。

三、实验材料

(1) 菌种：枯草芽孢杆菌(*Bacillus subtilis*)、苏云金芽孢杆菌(*Bacillus thuringiensis*)。

(2) 装片：巨大芽孢杆菌、普通变形菌、圆褐固氮菌三型细菌的染色装片。

(3) 仪器及其他：显微镜、香柏油、擦镜纸、接种环、酒精灯、载玻片、盖玻片、吸水纸、滴管等。

四、实验步骤

(一) 细菌基本形态的观察

先后用低倍镜、高倍镜和油镜观察巨大芽孢杆菌、普通变形菌、圆褐固氮菌三型细菌的染色装片，绘制或拍照记录视野中的图像。

(二) 细菌细胞结构的观察

用低倍镜、高倍镜和油镜观察巨大芽孢杆菌(示细胞壁、异染粒)、普通变形菌(示鞭毛)、苏云金芽孢杆菌(示伴孢晶体)等细菌的染色装片，在油镜的视野中绘制或拍照记录图像。

(三) 观察枯草芽孢杆菌

(1) 点燃酒精灯，用灭菌后的接种环在洁净的载玻片中央挑一环无菌水。

(2) 用无菌操作的方法挑取少许枯草芽孢杆菌菌体于载玻片中央的无菌水中，混匀。

(3) 取洁净的盖玻片，使其一端先接触菌液，再慢慢放下盖住菌液，避免产生气泡，用吸水纸将多余菌液吸去。

(4) 先用低倍镜在视野中找到菌体，再换用高倍镜观察，视野亮度要暗一些。

五、实验结果

(1) 将镜检结果绘制或拍照记录下来，并附于实验报告中。

(2) 描述各个细菌的形态特征。

六、注意事项

(1) 镜检后,用擦镜纸擦拭镜头。
(2) 无菌操作过程中,勿使接种环碰到其他物品。

七、思考题

(1) 活菌观察和染色装片相比,光线调节应注意些什么?
(2) 在较亮视野下观察细菌时,菌体是否需要进行染色?

Ⅲ 放线菌的形态观察

放线菌可以产生抗生素,其形态是菌种鉴定和分类的主要依据。

一、实验目的

(1) 熟悉放线菌的形态结构特点。
(2) 掌握放线菌形态观察的方法。

二、实验原理

放线菌的菌丝由基内菌丝、气生菌丝和孢子丝组成。基内菌丝生在培养基中,很难挑取,因此常规的制片方法很难获取完整的自然菌丝体。因此,人们设计许多方法观察它们的形态特征,目的是保持放线菌自然生长状态下的形态特征。其中以插片法和搭片法较为常用。其基本原理是:在接种放线菌的固体培养基上插入盖玻片,或者在培养基上开槽接种后搭上盖玻片;放线菌的菌丝体可以沿培养基与盖玻片的交界处生长延伸,从而黏附在盖玻片上;待培养物成熟后,轻轻取出盖玻片,置于载玻片上镜检,即可观察到放线菌自然生长状态下的形态特征。

三、实验材料

(1) 菌种:细黄链霉菌(*Streptomyces microflavus*)。
(2) 培养基:高氏Ⅰ号培养基。

(3) 其他:无菌培养皿、盖玻片、载玻片、接种环、显微镜、镊子、酒精灯等。

四、实验步骤

(一) 插片法

1. 倒平板

融化高氏Ⅰ号培养基,冷却至 50 ℃左右倒平板。平板应稍厚些(每皿倒入约 20 mL 培养基),以便插片。冷凝后备用。

2. 插片

可以先接种后插片,反之亦可。如果先接种、后插片,在无菌操作条件下,用接种环挑取少量孢子,在平板培养基一半面积上来回划线接种,接种量可大一些。然后用无菌操作的方法在接种线处以 40°角左右斜插入无菌盖玻片,深度为盖玻片长度的三分之一即可。如果先插片、后接种,用无菌镊子将无菌盖玻片在平板的一侧斜插进去,然后在交界面处接种,接种线长约为盖玻片的一半,要在盖玻片两侧留有一定空白,以供放线菌菌丝生长。使用后者插片,镜检时可以不用擦去盖玻片另一面的菌丝。

3. 培养

将插片平板倒置于 28 ℃的培养箱中,培养 3～7 d。

4. 镜检

用镊子轻轻取出盖玻片,将背面附有菌丝的擦净(适用于先接种法),然后把盖玻片有菌丝的一面朝上放在洁净的载玻片上,用低倍镜、高倍镜或油镜进行观察。

(二) 搭片法

1. 倒平板

融化高氏Ⅰ号培养基,冷却至 50 ℃左右倒平板。平板应稍厚些(每皿倒入约 20 mL 培养基),以便插片。冷凝后备用。

2. 开槽

用无菌解剖刀在凝固后的平板上开两个宽约 0.5 cm 的平行槽,并用无菌操作法取出槽内的培养基。

3. 划线接种

在无菌操作条件下,用接种环挑取少许放线菌孢子在槽内边缘来回划线进行接种。然后在接种后的小槽上分别盖上无菌盖玻片。

4. 培养

将接种后的平板倒置于 28 ℃的培养箱中，培养 3～7 d。

5. 镜检

放线菌在生长时会黏附于盖玻片上表面，用镊子轻轻取出盖玻片置于洁净载玻片上，用显微镜进行观察。

五、实验结果

将放线菌的镜检结果记录于表 2-10，并绘制或拍照记录视野中的图像。

表 2-10　　实验结果记录表

菌种	培养方法	菌落特征	菌丝及孢子形态

六、注意事项

(1) 镜检时要注意观察放线菌基内菌丝和气生菌丝之间的粗细和色泽差异。

(2) 放线菌生长缓慢，在操作时要采用无菌操作方法，避免杂菌污染。

(3) 培养后的盖玻片如用 0.1%美蓝染色，镜检效果会更好。

七、思考题

(1) 如何在显微镜下分辨出基内菌丝和气生菌丝?

(2) 插片法和搭片法制备放线菌标本的优点是什么? 能否用此方法培养观察其他几类微生物，并解释原因。

Ⅳ　真菌的形态观察

真菌常有一些特殊结构，例如酵母菌和霉菌都是真核微生物；酵母菌为单细胞个体，菌体比细菌大。霉菌由有隔或无隔的菌丝构成，其菌丝一般包括基内菌丝、气生菌丝和孢子梗。

一、实验目的

(1) 掌握酵母菌和霉菌形态观察的方法。
(2) 观察酵母菌和霉菌的形态特征。

二、实验原理

霉菌由菌丝交织而成。气生菌丝生长到一定阶段可以分化出繁殖菌丝。霉菌菌丝及孢子是识别不同霉菌的重要依据。霉菌的菌丝一般比细菌和放线菌的菌丝大几倍至十几倍,因此,可以用低倍镜或高倍镜观察。由于霉菌菌丝体较大,孢子易飞散,菌丝体在水中易变形,因此,制片时可以将其置于乳酸石炭酸溶液中,保持菌丝自然形态。或者采用载片法培养,将霉菌接种在洁净载玻片的培养基上,盖上盖玻片,培养后用显微镜观察其生长发育的过程。

酵母菌单细胞一般呈圆形、椭圆形,其细胞核与细胞质有明显分化。无性繁殖主要是出芽繁殖,仅裂殖酵母以分裂方式繁殖;有性繁殖产生子囊和子囊孢子,有些酵母菌可以产生假菌丝。采用载片法培养,培养后用显微镜进行观察。

三、实验材料

(1) 菌种:黑曲霉(*Aspergillus niger*)、热带假丝酵母(*Candida tropicalis*)。
(2) 培养基:马铃薯葡萄糖琼脂培养基。
(3) 试剂:乳酸酚棉蓝染色液。
(4) 仪器及其他:显微镜、培养皿、载玻片、盖玻片、镊子、无菌滴管、滤纸等。

四、实验步骤

(一) 霉菌的培养和观察

1. 一般观察法

(1) 在洁净载玻片中央滴一滴乳酸酚棉蓝染色液,用接种环取少量霉菌置于乳酸酚棉蓝染色液中。

(2) 用接种针划开菌丝，直到全部润湿，维持 1～2 min。用镊子夹住盖玻片，使其一端先与载玻片上的液体接触，再慢慢将盖玻片放下将其盖住，避免产生气泡。

(3) 在显微镜下先后使用低倍镜、高倍镜和油镜观察菌丝的形态。

2. 载片培养法

(1) 实验前准备：在培养皿底铺一层直径与之相同的圆形滤纸，放上 U 形玻璃棒，在玻璃棒上放置载玻片，并在载玻片的两端分别放置一个盖玻片，盖上皿盖，将培养皿包扎后，于 121 ℃湿热灭菌 20 min，烘干后备用。

(2) 融化培养基：将灭菌后的马铃薯葡萄糖琼脂培养基加热融化，置于 60 ℃水浴中保温。

(3) 接种：用接种环挑取少量孢子于载玻片上，用无菌的滴管将少量融化培养基滴加到载玻片的孢子上。培养基应圆薄完整，直径约 0.5 cm。

(4) 加盖玻片：用无菌镊子将盖玻片盖在接种后的培养基上，均匀按压，防止产生气泡，使盖玻片和载玻片之间留下一定缝隙。

(5) 保湿培养：向培养皿中倒入约 3 mL 20%无菌甘油至滤纸湿润即可，然后置于 28 ℃恒温箱中培养 10 h。

(6) 取出载玻片放在显微镜下观察霉菌的基内菌丝、气生菌丝和孢子的形态结构。

(二) 酵母菌的培养和观察

(1) 实验前准备：同(一)载片培养法。

(2) 融化培养基：同(一)载片培养法。

(3) 滴加培养基：用无菌的滴管将少量融化的马铃薯葡萄糖琼脂培养基滴在载玻片上两个合适位置，形成圆薄完整的形状。

(4) 接种：用无菌接种环挑取少许菌体接种到培养基中央，避免将培养基戳破。盖上盖玻片轻轻按压，使盖玻片和载玻片之间留下一定缝隙。

(5) 保湿培养：向培养皿中倒入约 3 mL 的 20%的无菌甘油至滤纸湿润即可，然后置于 28 ℃恒温箱中培养 48 h。

(6) 取出载玻片，在显微镜下观察假丝酵母的菌丝形态。

五、实验结果

观察霉菌和酵母菌的特征结构,并将实验结果记录于表 2-11 中。

表 2-11　实验结果记录表

菌种	低倍镜视野	高倍镜视野
黑曲霉(*Aspergillus niger*)		
热带假丝酵母(*Candida tropicalis*)		

六、注意事项

(1) 进行载片培养时,接种量要少,培养基要圆薄完整,载玻片和盖玻片之间一定要留有缝隙,不能把培养基压破。

(2) 镜检时,先用低倍镜找到合适的观察区,再换用高倍镜。

(3) 因培养时间较长,一定要严格按照无菌操作要求进行相关的实验操作。

七、思考题

(1) 载片培养时,若将培养基压破或载玻片和盖玻片之间无缝隙,会出现什么结果?

(2) 假丝酵母的假菌丝和真菌丝有什么区别?

(3) 为什么采用保湿培养法培养真菌?

实验九　微生物的计数及大小测定

微生物的计数主要适用于以单细胞状态存在的微生物,如细菌和酵母菌等,或计数真菌和放线菌产生的孢子。微生物的计数可分为直接计数和间接计数。直接计数是指对样品中的细胞或孢子进行逐一计数,所得结果是微生物活、死细胞的总含菌量。间接计数的方法有液体稀释或平板菌落计数两种,它们分别以最大稀释度和平板菌落数间接获取样品的活细胞(或孢子)数。直接计数法使用血球计数板,若采用染色区分活、死细胞,也能分别计数活菌和死菌数目，但所得结果与平板菌落法的结果存在一定偏差。

Ⅰ 酵母菌和细菌的直接计数

显微镜直接计数法是将样品置于血球计数板上，在显微镜下直接进行计数微生物细胞的快捷、简便的方法。

一、实验目的

(1) 掌握血球计数板的结构和计数原理。

(2) 掌握血球计数板计数在显微镜下直接计数的方法。

二、实验原理

利用血球计数板在显微镜下计数微生物细胞(或孢子)的数目，是一种常用的微生物计数方法。其计数原理是：将经过适当稀释的菌悬液或孢子悬液，加到血球计数板的计数室中，在显微镜下逐一计数。计数室的体积固定，为 0.1 mm^3，可以将在显微镜下计数的结果换算成单位体积样品中的含菌量。利用此法计数得到的数值为死菌和活菌的总和，因此，此法又被称为总菌计数法。

血球计数板是一块特制的载玻片(图 2-20)，载玻片上有 4 条小槽。将载玻片中间部分分为 3 个平台，中间平台比两边低 0.1 mm。在中间平台

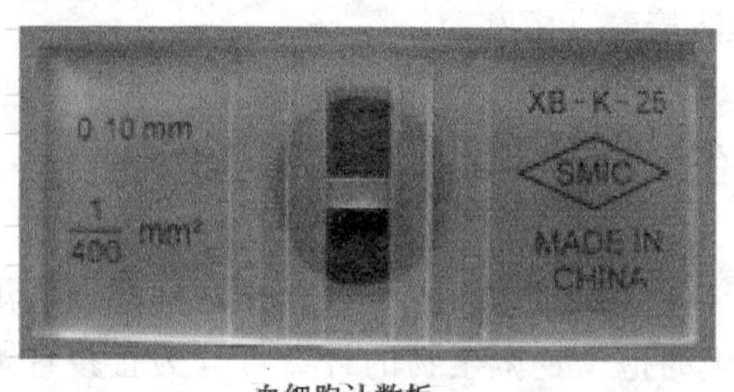

血细胞计数板

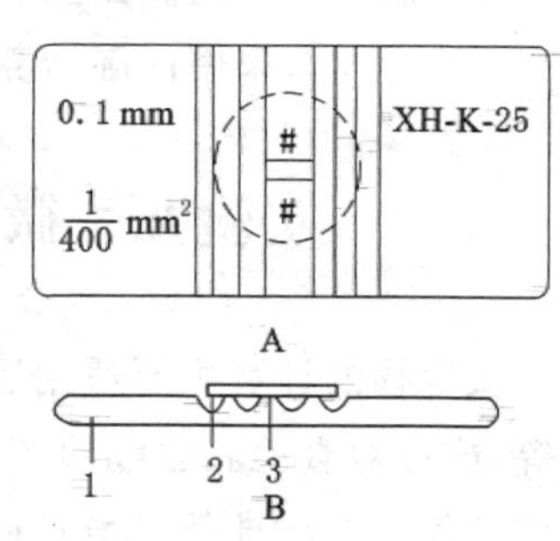

图 2-20 血细胞计数板

A——正面图；B——纵切面图

1——血细胞计数板；2——盖玻片；3——计数室

有一短槽将其分为2个平台，在这两个平台上各有一个相同的方格。每个方格被分为9个大格，中央大格为计数室。计数室分为两种类型：一种是1个大格被分为25个中格，每个中格又被分为16个小格；另一种是1个大格被分为16个中格，每个中格又被分为25个小格。两种类型的计数室都是400个小格。此外，每个中格四周有双线标志，便于再区分。

计数室大方格边长为1 mm，其面积为1 mm^2，计数室与盖玻片高度差为0.1 mm，所以计数室体积为0.1 mm^3，每个小格的体积为1/4 000 mm^3。计数时，先计数几个中格(一般是5个)的含菌数，然后计算每个中格菌数的平均值，乘中格数，即可得出1个计数室中的总菌数，再乘10^4(换算为1 mL的含菌量)和菌液稀释倍数，便得稀释前1 mL菌液的总菌数。

如果想要区分死菌和活菌，则需要采用活体染色法。活体染色是指利用某些无毒或毒性很小的染色剂染色，使死菌和活菌呈现不同的颜色，同时不影响细胞的生命活动、不产生导致细胞死亡的物理化学变化的染色方法。美蓝是常用的活体染料，氧化态时呈现蓝色，还原态时呈现无色。用它进行活体染色时，旺盛的细胞代谢脱氢，美蓝接受氢由氧化态变为还原态，细胞无色；衰老或死亡的细胞由于代谢缓慢或停止，美蓝不被还原，细胞显淡蓝色或蓝色。

三、实验材料

(1) 菌种：酿酒酵母(*Saccharomyces cerevisiae*)、枯草芽孢杆菌(*Bacillus subtilis*)。

(2) 试剂：美蓝染液(美蓝0.025 g、NaCl 0.9 g、KCl 0.042 g、$CaCl_2 \cdot 6H_2O$ 0.048 g、$NaHCO_3$ 0.02 g、葡萄糖1 g、蒸馏水100 mL)、95%乙醇、生理盐水、pH值为7的磷酸盐缓冲液。

(3) 仪器：显微镜、血球计数板。

(4) 其他：盖玻片、滴管、锥形瓶、试管、擦镜纸、吸水纸等。

四、实验步骤

(一) 计数总菌

1. 血球计数板的清洗

先用自来水水流冲洗，然后用蘸有95%乙醇的棉球轻轻擦拭后用水冲洗，再用吸水纸吸干多余水分。在显微镜下镜检，计数室无污渍和其他微生物即可使用。

2. 菌液稀释

取培养 48 h 的菌体斜面上少许菌苔于 10 mL 生理盐水中，充分振摇使菌体分散均匀。菌悬液经适当稀释后即可作为计数的菌液样品。菌液的稀释度一般为每一中格约有 15～20 个细胞数为宜。

3. 加样

把盖玻片盖在血球计数板的计数室上，用无菌滴管吸取混匀后的菌液滴在盖玻片于计数板相交的缝隙处，让菌液自行沿盖玻片与计数室之间的缝隙进入整个计数室，避免产生气泡。为避免菌液过多使盖玻片浮起导致计数室体积改变，可用镊子轻轻敲下盖玻片，并用吸水纸将多余菌液吸去，静置数分钟。

4. 计数

将血球计数板放在显微镜下观察，先用低倍镜找到大方格，然后寻找大方格中的计数室，再把计数室移到视野中央，换用高倍镜进行观察。

计数时，对于 25×16 型计数板，通常选计数室中的左上、右上、左下、右下 4 角和正中间共 5 个中格进行计数，对于 16×25 型计数板，通常选取计数室左上、右上、左下和右下 4 角共 4 个中格进行计数。为提高精确度，对每个样品重复计数 3 次，取其平均值。然后按公式计算原菌液中的菌体数。

计数公式如下：

菌数/(个/mL)＝25(或 16)$\times 10^4\times$稀释倍数$\times(X_1+X_2+X_3+X_4+X_5)/5$

5. 清洗

计数结束，先用蒸馏水冲洗计数板和盖玻片，用吸水纸吸干，然后用乙醇棉球擦拭计数板，再用水冲洗，最后用擦镜纸擦干，将其放入计数板盒中。

（二）计数活菌、死菌

（1）血球计数板的清洗：清洗血球计数板的方法同（一）。

（2）菌液稀释：取培养 48 h 的菌体斜面上少许菌苔于 10 mL 生理盐水中，充分振摇使菌体分散均匀，并将菌悬液进行适当稀释。

(3) 活体染色:取稀释后的菌液 0.1 mL 于试管中,加入 0.9 mL 的美蓝染色液,混合均匀,染色 10 min。

(4) 加样:方法同(一)。

(5) 计数:分别计数活菌数和死菌数,然后计算活菌的百分比。

(6) 清洗:清洗血球计数板和盖玻片的方法同(一)。

五、实验结果

(1) 将计数的总菌数(25×16 型计数板)记录于表 2-12。

表 2-12　　实验结果记录表

	中格菌数					中格菌数均值	大格总菌数	稀释倍数	菌数/(个/mL)
	X_1	X_2	X_3	X_4	X_5				
一室									
二室									

(2) 将计数的活菌和死菌数(25×16 型计数板)记录于表 2-13。

表 2-13　　实验结果记录表

一室	中格菌数					中格菌数均值	大格总菌数	稀释倍数	菌数/(个/mL)	活菌率
	X_1	X_2	X_3	X_4	X_5					
活菌										
死菌										
二室	中格菌数					中格菌数均值	大格总菌数	稀释倍数	菌数/(个/mL)	活菌率
	X_1	X_2	X_3	X_4	X_5					
活菌										
死菌										

六、注意事项

(1) 制备菌悬液时,尽量使菌体分散开,便于观察和计数。

(2) 为防止重复计数,压在边线上的菌体通常只计数底边和右侧边线上的菌体,减少误差。

(3) 酵母菌出芽时,当芽体和母细胞相同大小时才能按两个细胞计数。

(4) 血球计数板属于精密玻片,不能用刷子刷洗或用力擦拭,避免损坏网状线。

七、思考题

(1) 简述利用血球计数板计数菌体的原理和适用范围。

(2) 加样时,为什么要先盖盖玻片再滴加样品?

(3) 根据实验体会,分析实验数据误差来源,并提出解决方法。

Ⅱ 平板菌落计数法

用平板菌落计数法测定微生物的活细胞数量,称为微生物的间接计数法或活菌计数法,它能检测微生物样品中活细胞(或孢子)数目。通过适当稀释菌液,在平板上培养微生物,微生物样品活细胞会在平板上形成肉眼可见的菌落,菌落数就代表样品中活细胞数或菌落形成单位(cfu/mL)。

一、实验目的

(1) 掌握平板菌落计数法测定微生物样品中活细胞的原理。

(2) 掌握平板菌落计数具体方法。

二、实验原理

平板菌落计数法的原理是:在平板上形成的单个菌落是由一个细胞繁殖而成的子细胞群体。将待测微生物样品按比例稀释后,吸取一定量的不同稀释度的菌悬液至无菌培养皿里,然后及时倒入融化且温度在 45 ℃左右的培养基中,立刻充分摇匀,静置冷凝。如果将菌悬液放在固体培养基上,要用灭菌的涂布棒将菌液涂布均匀。在适宜条件下培养后,将平板上的菌落数的均值换算为样品中单位体积的含菌数,再乘稀释倍数,即得样品中单位体积所含的活细胞数。样品稀释要适度,一般细菌菌液稀释后,平板菌落数在 30～300 个即可,这样利于减少实验误差。平板菌落计数法可以计数样品中的活细胞数,但是操作繁琐,时间较长,测定值易受干扰,因此有待进一步改进和完善。

三、实验材料

(1) 菌种:大肠埃希氏菌(*Escherichia coli*)。

(2) 培养基:牛肉膏蛋白胨培养基。

(3) 其他:无菌生理盐水、无菌培养皿、无菌试管、无菌移液管(或移液枪,枪头灭菌)、试管架、接种环、酒精灯等。

四、实验步骤

1. 融化培养基

将灭菌的牛肉膏蛋白胨培养基加热融化,置于 50 ℃水浴中保温备用。

2. 分装稀释液

取 10 套无菌培养皿,依次编号为 10^{-4},10^{-5},10^{-6}(或至 10^{-8},根据菌液浓度而定),每个稀释度做 3 个重复,留下一个培养皿做对照。取无菌试管 6~8 支,依次编号为 10^{-1},10^{-2},10^{-3},10^{-4},10^{-5},10^{-6}(或至 10^{-8},根据菌液浓度而定)。在无菌操作条件下,用移液管或移液枪精确吸取 4.5 mL 无菌生理盐水于上述编号的试管中。

3. 稀释菌液

在每次稀释菌液前,应充分摇匀菌液。用移液管或移液枪移取 0.5 mL 菌液至 10^{-1} 试管中。更换移液管或枪头,在 10^{-1} 试管中吸吹样品数次,充分混匀,并精确移取 0.5 mL 菌液至 10^{-2} 试管中。以此类推,直至稀释到 10^{-6} 为止。稀释过程如图 2-21 所示。

4. 菌液转移

在装有稀释后菌液的试管 10^{-4},10^{-5},10^{-6} 中,分别用无菌移液管或移液枪吸取菌液 0.2 mL 移至相应编号的无菌培养皿中。

5. 倒入培养基并摇匀

菌液移入培养基后,要立即倒入约 15 mL 融化并冷却至 50 ℃左右的培养基,并将平板平稳快速地沿前后、左右、顺时针以及逆时针等方向轻轻摇晃均匀,使待测定的菌体均匀分布在培养基中,便于计数。混匀后置于水平实验台上凝固。

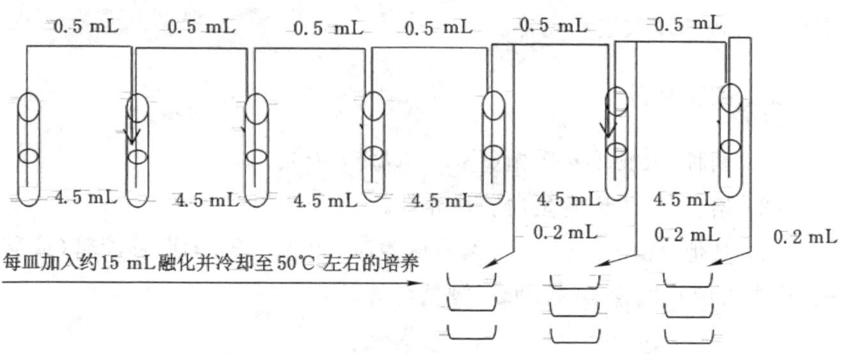

图 2-21 稀释过程

6. 培养

将凝固后的平板倒置于 37 ℃培养箱中培养 48 h。

7. 计数

从培养箱取出平板，首先选出每皿菌落数在 30～300 个的平板，再计数每皿中的菌落数。若菌体密度大，可以在皿底划出具有代表性的部分区域进行计数，为统计整个平板的菌落数提供一定依据。求出每皿菌落的平均值，乘样品体积和稀释倍数，即得样品中的活菌数(个/mL)。公式如下：

$$活菌数(个/mL)=5\times 稀释倍数\times (X_1+X_2+X_3)/3$$

8. 后处理

将试管和平板在沸水中煮沸 5～10 min，倒出培养基，清洗干净后摆放整齐，晾干。

五、实验结果

(1) 将每个平板中的菌落数记录于表 2-14 中。

表 2-14　　实验结果记录表

稀释程度	每皿菌落数			平均值
	X_1	X_2	X_3	
10^{-4}				
10^{-5}				
10^{-6}				

六、注意事项

(1) 在稀释菌液和转移菌液的过程中，不要混淆试管和培养皿，注意看清编号，并且要及时更换移液管或枪头。

(2) 菌液加入培养皿后，要立即倒入培养基中赶快摇匀，防止菌液吸附于皿底，不利于形成单菌落，或避免培养基凝固导致的菌体分布不均匀。

(3) 如果平板上出现过多菌落(菌落数超过 300 个/皿)或者染杂菌，应舍弃计数该平板的菌落。

七、思考题

(1) 简述平板菌落计数的原理和适用范围。

(2) 实验成功的关键步骤是什么?

(3) 稀释的菌液移入培养皿后，如果不及时倒入培养基中摇匀，会导致什么不良结果?

(4) 显微镜直接计数和平板菌落计数各有何优缺点?

Ⅲ　微生物细胞大小的测定

微生物细胞的大小是微生物基本形态特征之一，也是微生物分类鉴定的依据之一。由于微生物细胞体积很小，故只能在显微镜下进行观察。用于测量微生物细胞大小的工具有目镜测微尺和镜台测微尺。

一、实验目的

(1) 了解目镜测微尺和镜台测微尺的用途和结构。

(2) 掌握显微测微尺用于测量菌体大小的方法。

二、实验原理

显微测微尺可用于测量微生物细胞或孢子的大小，包括目镜测微尺和镜台测微尺两部分，如图 2-22 所示。

镜台测微尺是一块特制的载玻片，其中央有长为 1 mm、被等分为 100 小格的刻度线，每小格的长度为 0.01 mm，即 10 μm。镜台测微尺不能直接

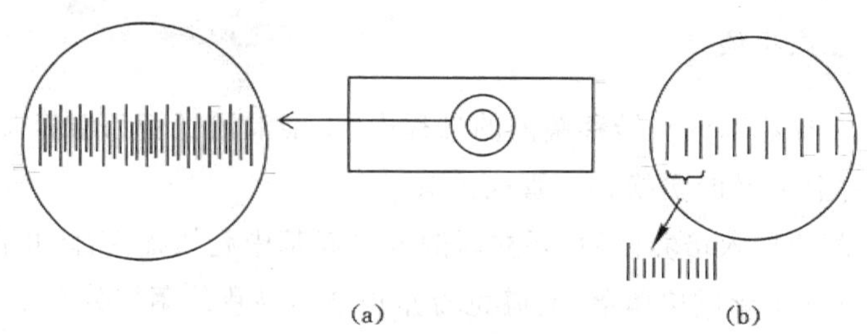

图 2-22　显微测微尺构造

(a) 镜台测微尺及其放大部分；(b) 目镜测微尺

测量细胞的大小，它用于校正目镜测微尺每小格的实际长度。

目镜测微尺是一块圆形玻片，玻片中央有将 5 mm 等分为 50 小格的刻度线或者将 10 mm 等分为 100 小格的刻度线。测量时将目镜测微尺放在目镜中的隔板上，测量经显微镜放大后的细胞图像。由于目镜和物镜组合不同，目镜测微尺每个小格代表的长度也不相同。因此，要先用镜台测微尺进行校正，计算出在一定的放大倍数下，目镜测微尺的每个小格代表的实际长度，再用它作为测量微生物细胞大小的尺度。

三、实验材料

(1) 菌种：枯草芽孢杆菌(*Bacillus subtilis*)。

(2) 仪器：显微镜、目镜测微尺、镜台测微尺。

(3) 其他：擦镜纸、香柏油、二甲苯、载玻片、复红染液、接种环等。

四、实验步骤

1. 放置目镜测微尺

从镜筒内取出目镜，旋开目透镜好将目镜测微尺放在目镜的光阑上，让有刻度的一面朝下，然后安装目透镜，将目镜放入镜筒内。

2. 放置镜台测微尺

把镜台测微尺放在载物台上，让有刻度的一面朝上。

3. 校正

在低倍镜下，移动镜台测微尺，并转动目镜测微尺，让两者的刻度平行且处于视野中央，使目镜测微尺和镜台测微尺这两者的刻度有一段的起、止线完全重合，分别计数两条重合刻度线之间目镜测微尺和镜台测微尺的格数，即可算出目镜测微尺每小格代表的实际长度。用同样的方法测出使用高倍镜和油镜测量时目镜测微尺每小格代表的实际长度。

4. 计算

$$目镜测微尺每小格的长度(\mu m)=\frac{两重合线间镜台测微尺格数\times 10}{两重合线间目镜测微尺格数}$$

5. 菌体大小测定

将枯草芽孢杆菌制成适宜浓度的菌悬液，无菌操作条件下，用接种环取几环菌液于洁净的载玻片上，染色后，制成涂片。从显微镜的载物台上取下镜台测微尺，放上枯草芽孢杆菌染色涂片，先用低倍镜找到菌体，然后换用高倍镜，调节焦距待物像清晰后，转动目镜测微尺或移动菌体涂片，测量枯草芽孢杆菌的长度和宽度各占几小格。将测得的格数乘目镜测微尺校正后的每小格的长度，即可得知菌体的实际大小。杆菌的大小用“长(μm)×宽(μm)”表示。为提高测定的准确性，可以测 10 个菌体后取其平均值。

6. 后处理

观察结束后，取出目镜测微尺，将目镜放回镜筒，再把目镜测微尺和镜台测微尺擦拭干净放回盒中保存。

五、实验结果

(1) 将目镜测微尺的校正结果记录于表 2-15。

表 2-15　　实验结果记录表

目镜放大倍数	物镜放大倍数	镜台测微尺格数	目镜测微尺格数	目镜测微尺每小格长度/μm

(2) 将测定的枯草芽孢杆菌的大小记录于表 2-16 中。

表 2-16 实验结果记录表

序号	长/μm	宽/μm
1		
2		
3		
4		
5		
6		
7		
8		
9		
10		
平均值		

六、注意事项

(1) 校正时，目镜测微尺装在目镜隔板上时，让有刻度的一面朝下；镜台测微尺放在载物台上时，有刻度的一面朝上放置，切勿放反。

(2) 放大倍数改变时，需要用镜台测微尺重新校正目镜测微尺每小格的长度。

(3) 可以用测得的最大值和最小值表示菌体的大小范围，如长为 3～6 μm，宽为 1～2 μm 可以表示为(1～2) μm×(3～6) μm。

七、思考题

(1) 简述显微测微尺的结构和各部分的作用。

(2) 当放大倍数改变后，目镜测微尺每小格的长度是否改变？请说明原因。

实验十　菌种保藏

科学研究和生产实践中获得的优良菌种，是国家重要的资源。因此，做好菌种保藏工作，对于菌种长时间保持优良特性，且不发生衰退、死亡或变异十分重要。变异发生在微生物生长繁殖过程中，因此，为防止菌种变异或衰退，就要使菌种处于新陈代谢的最低水平或休眠阶段。菌种保藏的原理是创造一个低温、干燥、缺氧、营养缺乏的环境，抑制菌种生长繁殖，使其处于休眠阶段。菌种保藏过程中要注意选用纯培养物进行保藏，创造利于菌种休眠的环境，而且减少传代次数。

Ⅰ　简易的菌种保藏法

一、实验目的

(1) 了解简易的菌种保藏方法的原理。
(2) 掌握简易的菌种保藏方法的操作步骤。

二、实验原理

常用的菌种保藏方法有斜面传代保藏法、半固体穿刺保藏法和液体石蜡封藏法。这些方法简便易行，不需要特殊的仪器设备，因此是一般实验室广泛采用的菌种保藏方法。简易的菌种保藏法主要利用低温条件抑制微生物的生长繁殖。

斜面传代保藏法、半固体穿刺保藏法是将生长在斜面或半固体培养基上的培养物放在 2～10 ℃冰箱中冷藏，让微生物处于较低的代谢水平的状态。

当培养基的营养物质耗尽时，需要将菌种重新接种到新鲜培养基上，再进行冷藏。因此，此方法又称定期移植保藏法或传代培养保藏法。

液体石蜡封藏法是在含有菌种的斜面或半固体培养基中加入灭菌的液体石蜡，以此隔绝氧气、减少水分蒸发，降低微生物代谢水平，从而延长保藏期。此法保藏菌种时间较前两种方法长，在 4 ℃冰箱中，可以保藏 1 年或几年时间。

以上三种方法操作简单，可及时观察菌种是否受污染或发生死亡，但是需要定期移植，耗费时间和精力，微生物有发生变异的可能。

三、实验材料

(1) 菌种:待保藏的菌种。

(2) 培养基:牛肉膏蛋白胨斜面和半固体培养基、高氏Ⅰ号培养基、马铃薯葡萄糖斜面培养基、麦芽汁琼脂斜面或半固体培养基。

(3) 用具:接种针、接种环、试管、滴管等。

(4) 试剂:无菌液体石蜡。

四、实验步骤

(一) 斜面传代保藏法

(1) 接种:对于待保藏的菌种,应选用生长旺盛的细胞或孢子。在无菌操作条件下,将待保藏的菌种用斜面接种的方法移接至相应的斜面培养基上。

(2) 培养:将细菌放在 37 ℃培养箱中培养 18～24 h,酵母菌放在 28～30 ℃的培养箱中培养 36～60 h,放线菌和真菌在 28 ℃培养箱中培养 3～7 d。

(3) 保藏:将培养好的菌种斜面放在 4 ℃冰箱中冷藏保存。

(4) 转接:不同的微生物有不同的有效保藏期。移接时间根据微生物种类不同而有一定差异。放线菌、真菌和酵母菌一般 4～6 个月左右移植一次,不产芽孢的细菌一般一个月移植一次。

(二) 半固体穿刺保藏法

(1) 接种:用穿刺接种法,将菌种接种至半固体培养基中央部分,不要将培养基穿透至底。

(2) 培养:在适宜温度下培养,使菌种充分生长。

(3) 保藏:将生长充分的菌种管塞上塞子,放在 4 ℃冰箱中保藏。一般可以保藏 6 个月至 1 年时间。

(4) 转接:在保藏期过后,要将菌种转接至新鲜的半固体培养基中,培养后再按上述步骤进行保藏。

(三) 液体石蜡封藏法

(1) 液体石蜡灭菌:将液体石蜡分装于锥形瓶中,装量不得超过锥形瓶总体积的 1/3，塞上棉塞，用牛皮纸包扎。在高压蒸汽锅内 121 ℃灭菌 20 min，连续重复两次。然后将灭菌的液体石蜡放在烘箱中，在 105～110 ℃下烘干约 1 h，除去液体石蜡中的水分。

(2) 接种：在无菌操作条件下，选用生长旺盛的细胞或孢子，用斜面接种法将其接种在相应斜面培养基上。

(3) 培养：在适宜温度下培养，使菌种充分生长。

(4) 加液体石蜡：用无菌滴管将灭菌后的液体石蜡加到斜面上，其用量以高出斜面顶端 1 cm 左右为宜，使菌种与空气隔绝。

(5) 保藏：将斜面培养物加塞后包扎，放在 4 ℃左右的冰箱中保藏。放线菌、霉菌等可以保藏 2 年时间，酵母菌和不产芽孢的细菌一般可以保藏 1 年左右。

(6) 转接：菌种保藏期过后，用无菌接种环在液体石蜡下面挑取少量菌种，将其转接到新鲜培养基上，使菌种尽量少沾些液体石蜡。如果转接一次后，菌种生长速度较慢，可以进行第二次转接后，再按上述步骤进行封藏。

五、实验结果

将菌种名称、培养基、培养条件、保藏方法、接种时间和菌种的生长情况记录于表 2-17 中。

表 2-17　实验结果记录表

菌种名称	培养基	培养条件	保藏方法	接种时间	菌种生长情况

六、注意事项

(1) 用于保藏的菌种应选用生长旺盛的细胞或成熟孢子，不可用衰老或菌龄过小的细胞做保藏菌种。

(2) 保藏期后，要及时进行转接，重新保藏菌种。

七、思考题

(1) 采用高压蒸汽灭菌液体石蜡时会有水分进入石蜡中,是否可以采用干热灭菌代替高压蒸汽灭菌?

(2) 简述斜面传代保藏法、半固体穿刺保藏法和液体石蜡封藏法三种菌种保藏方法各自的优缺点。

Ⅱ 干燥保藏法

本实验主要介绍干燥保藏法中的砂土管保藏法。

一、实验目的

(1) 了解砂土管保藏法的原理。

(2) 掌握砂土管保藏法的具体方法。

二、实验原理

干燥保藏法是将微生物生长所需水分除去,使菌种处于低代谢水平或休眠阶段,以便长期保藏菌种。为扩大水分的蒸发面积,将微生物细胞或孢子吸附在砂土上干燥,再进行保藏。低温条件下,可以延长保藏期。具体做法是将培养后的微生物的细胞或孢子用无菌水制备成悬浮液,加入灭菌后的砂土混合均匀,或者将成熟孢子直接接种于灭菌的沙土中混合均匀,使微生物的细胞或孢子吸附在砂土上,将管中的水分抽干后熔封,或放在干燥器中于低温下保藏。砂土管保藏法适用于霉菌、放线菌和产芽孢的细菌等菌种的保藏。

三、实验材料

(1) 菌种:待保藏的菌种。

(2) 培养基:牛肉膏蛋白胨斜面和半固体培养基、高氏Ⅰ号培养基、马铃薯葡萄糖斜面培养基。

(3) 用具:接种针、接种环、试管、滴管等。

(4) 试剂:10%盐酸。

四、实验步骤

1. 砂土处理

将砂子过 60 目筛子，除去大颗粒，再过 80 目的筛子，除去过细砂子，然后用 10%盐酸浸泡 2～4 h，除去砂子里的有机物，然后倾去盐酸，用水冲洗至中性，烘干备用。另取地面下 40～60 cm 处非耕作贫瘠土壤，粉碎，过 100 目筛子，水洗烘干备用。

2. 砂土管制备

将处理后的砂土和土按质量 2∶1 的比例混合均匀，装入小试管中，装量高度为 1 cm 左右，塞上塞子，在高压灭菌锅内 121 ℃灭菌 30 min。灭菌结束，随即用无菌接种环挑取砂土置于牛肉膏蛋白胨培养基中，在适宜温度下培养一定时间后，确保无菌后才可使用。

3. 菌悬液制备

向斜面菌种管内放入 3 mL 左右的无菌水，洗下细胞或孢子制成菌悬液。

4. 加菌悬液

用无菌滴管吸取 0.2～0.5 mL 菌悬液于一个砂土管中，或者用无菌接种环直接将孢子挑入砂土管中。

5. 干燥

把含菌砂土管放在干燥器中干燥，然后用真空泵抽取砂土管中的水分。

6. 保藏

将砂土管用火焰熔封后低温保藏，或者将砂土管包扎后放在干燥器中保藏；也可以将砂土管放在装有干燥剂的大试管内，塞上塞子后用蜡封口，在 4 ℃冰箱中保藏。

7. 恢复培养

无菌条件下打开砂土管，挑取含有菌体的砂土接种在相应的培养基上，在适宜条件下培养，然后再转接一次进行培养，原砂土管可按原方法继续保藏。

五、实验结果

将菌种名称、培养基、培养条件、保藏方法、接种时间和菌种的生长情况记录于表2-18中。

表2-18 实验结果记录表

菌种名称	培养基	培养条件	保藏方法	接种时间	菌种生长情况

六、注意事项

(1) 灭菌后的砂土管应该按比例抽查,若灭菌不彻底的话应重新灭菌。

(2) 加菌悬液后,在无菌操作条件下,将砂土管和菌悬液混匀,防止杂菌污染。

七、思考题

(1) 简述干燥保藏法保藏菌种的原理和适用范围。

(2) 干燥含菌砂土管的时间过长会出现什么结果?

Ⅲ 冷冻真空干燥保藏法

冷冻真空干燥保藏法又称冷冻干燥保藏法,是目前最有效的菌种保藏的方法之一。该方法适用范围广,保藏期长,一般保藏期为数年或十几年,且菌种存活率高,但设备昂贵。

一、实验目的

(1) 了解冷冻真空干燥保藏法的原理。

(2) 掌握冷冻真空干燥保藏法的方法。

二、实验原理

冷冻真空干燥保藏法创造了低温、缺氧、干燥和添加保护剂等多种条件，达到长期保藏菌种的效果。通常包括以下操作：将微生物细胞或孢子的悬液置于保护剂（脱脂牛奶或血清）中，在低温下迅速冷冻微生物细胞或孢子，然后在真空条件下使冰升华，最后熔封管口，在 4 ℃冰箱下长期保藏。

冷冻真空干燥装置有很多机型，一般由放置安瓿管、收集水分和真空设备三个部分组成。为防止冻干过程中水蒸气进入真空泵，通常在放置安瓿管的容器和真空泵之间安装冷凝器，使水蒸气冻结在冷凝器上，或者用装有五氧化二磷等干燥剂的容器替代。使用时，先开启制冷系统，达到相应温度后，把预冻好的安瓿管放入样品架，然后开启真空系统。

三、实验材料

（1）菌种：待保藏的菌种。

（2）培养基：牛肉膏蛋白胨斜面培养基、高氏Ⅰ号培养基、马铃薯葡萄糖斜面培养基、麦芽汁琼脂斜面培养基。

（3）试剂：脱脂牛奶、2%盐酸、五氧化二磷、95%乙醇等。

（4）仪器：冷冻真空干燥机。

（5）其他：安瓿管、滴管、移液管等。

四、实验步骤

1. 准备安瓿管

安瓿管宜采用中性硬质玻璃制备。先将安瓿管放在 2%盐酸中浸泡过夜，然后用自来水冲洗干净，再用蒸馏水反复冲洗，烘干。在安瓿管上贴上标签，注明菌种和日期，塞上棉塞，包扎后，采用湿热灭菌，121 ℃下灭菌 20 min。

2. 准备保护剂

根据不同微生物选择相应的保护剂及保护剂的浓度、pH 值和灭菌方法。选用血清时要采用过滤除菌；脱脂奶粉可直接配成 20%乳液，并在 121

℃下灭菌 30 min,且进行无菌试验;选用新鲜牛奶,要将其煮沸然后放在冷水中,让油脂漂浮在液面上层,除去油脂,再进行离心,进一步除去油脂。

3. 制备和分装菌悬液

在最适宜的培养基和最适宜的温度下培养斜面菌种,以获得生长状况良好的培养物。一般选用静止期的细胞,产芽孢细菌可以保藏其芽孢,放线菌和霉菌则要保藏其孢子。不同的菌种培养时间不同,细菌培养 24～48 h,酵母菌培养 3 d,放线菌和霉菌培养 7～10 d。

吸取无菌脱脂牛奶 2～3 mL 于斜面菌种管中,用无菌接种环轻轻刮下培养物,制成的菌悬液浓度以 10^8～10^{10} 个/mL 为宜。用无菌滴管移取 0.2 mL(如果采用离心冷冻真空干燥机,移取 0.1 mL)菌悬液于安瓿管底部,注意不要将菌悬液沾到管内壁上。

4. 预冻

将分装有菌悬液的安瓿管放在－45～－35 ℃低温冰箱中或放在－40～－25 ℃的干冰无水乙醇中预冻 1 h,其目的是让菌悬液在低温下冻结成冰。

5. 冷冻真空干燥

开启冷冻真空干燥机的制冷系统,当温度达到－45 ℃时,将装有预冻菌液的安瓿管迅速放在冷冻真空干燥机的样品架上,开启真空泵进行真空干燥。如果采用简易冷冻真空干燥,就要在开启真空泵 15 min 内,让真空度达到 0.066 7 MPa。此时,冻结的菌液开始升华,继续抽真空,当真空度达到 0.013 3～0.026 7 MPa,维持 6～8 h。此时,样品被干燥呈现白色疏松状。如果采用离心冷冻真空干燥机,将塞有棉塞的安瓿管放在离心机的负载盘上,启动冷冻真空干燥机制冷系统,当温度降至－45 ℃,开启真空泵。离心机转动 5～10 min 后,当温度指示压力达到 0.670 MPa 时,菌液已冻结,关闭离心机,继续抽真空,当指示压力达到 0.013 3 MPa,干燥初步完成。

关闭真空泵,然后关闭制冷系统,打开进气阀,使真空度下降至与室内气压相等,取出安瓿管。将安瓿管棉塞下端处用火烧熔拉成细颈,再将安瓿管放在封口用的抽气装置上,开启真空泵,室温抽至真空。

6. 封口

样品干燥后,真空度达到 1.33 Pa,继续抽气数分钟,再用火焰在细颈处烧熔封口。

7. 真空度检验

检验熔封后的安瓿管是否处于真空状态，可以采用高频率火花发生器测试。具体方法是将发生器产生的火花接触安瓿管的上端，勿直射菌种，使管内真空放电。若安瓿管发出淡蓝色或淡紫色的电光，则表明真空度符合实验要求。

8. 保藏

将真空度检测符合要求的安瓿管放在 4 ℃冰箱保藏。

9. 菌种复苏

取出安瓿管，用75%乙醇溶液擦拭安瓿管外表面，然后将安瓿管放在火焰上烧热，在烧热处滴加几滴无菌水，使安瓿管壁产生裂缝，放置片刻，让空气沿着裂缝进入安瓿管，然后将裂口端敲断，防止空气因突然开口冲入管内使菌粉飞扬。再将合适的培养液加入至安瓿管中，使菌粉充分溶解，用无菌滴管将菌液转移至合适的培养基中；或者直接用无菌接种环将菌粉接种至合适的培养基上，在适宜温下培养。

五、实验结果

将菌种名称、保藏时间、保护剂、保藏温度、开管日期、恢复培养情况记录于表 2-19 中。

表 2-19　　实验结果记录表

菌种名称	保藏时间	保护剂	保藏温度	开管日期	恢复培养情况

六、注意事项

(1) 封口时，在安瓿管的封口处火焰要均匀，否则易漏气。

(2) 冷冻真空干燥时，要保证安瓿管内菌液已被冻结成冰，防止抽真空干燥时样品产生泡沫飞溅。

(3) 冷冻真空干燥的菌体应充分干燥，呈现疏松状态。

七、思考题

(1) 冷冻真空干燥的原理是什么？

(2) 冷冻真空干燥装置包括哪些部件？

(3) 根据实验操作过程，总结影响冷冻真空干燥过程的注意事项。

Ⅳ 液氮超低温冷冻保藏法

液氮超低温冷冻保藏法是一种较为理想的菌种保藏方法，适合各类微生物的保藏，尤其适合不宜冷冻干燥保藏的微生物，菌种保藏期较长，且不易发生变异。该法已被很多保藏机构采用。但其缺点是需要液氮冰箱等设备，使其应用受到一定限制。

一、实验目的

(1) 了解液氮超低温冷冻保藏菌种的原理。

(2) 了解并学习掌握液氮超低温冷冻保藏菌种的方法。

二、实验原理

液氮超低温冷冻保藏法是在－196～－150 ℃的超低温液氮中进行菌种保藏。在该温度下，微生物代谢处于停顿状态，因此微生物变异发生率降低，并长期保持菌种原有性状。支原体、衣原体以及难以形成孢子的霉菌、小型藻类和原生生物等用其他保藏方法有困难的微生物，可以采用此法进行长期保藏。

为了减少超低温保藏冻结菌种造成的损伤，菌液必须悬浮于低温保护剂中，然后再分装至安瓿管进行冻结。冻结方法分为以下两种：一种是普通冻结，即把装有菌液的安瓿管置于低温(－45 ℃)冰箱中冷冻 1 h，再放入液氮冰箱作超低温冻结；另一种是控速冻结，即在控制冷却速度装置控制下，以温度每分钟下降 1～2 ℃的速度，使安瓿管中的菌液样品降至－40 ℃后，立即将安瓿管放在液氮冰箱中。实验操作过程中，要根据待保藏菌种的特性，确定冷却速度。

三、实验材料

(1) 菌种:待保藏的、生长良好的菌种。

(2) 培养基:适合于待保藏菌种的斜面培养基或琼脂平板。

(3) 试剂:10%甘油、10%二甲亚砜。

(4) 设备和器具:液氮冰箱、控制冷却速度装置、低温冰箱、安瓿管、无菌试管、接种环。

四、实验步骤

1. 准备安瓿管

用于液氮超低温冷冻保藏菌种的安瓿管要能够经受 121 ℃和−196 ℃处理,而且不会破裂,一般采用硬质玻璃制成。将安瓿管用自来水洗净,过两遍蒸馏水,烘干。给安瓿管塞上棉塞,贴上标有菌名和接种日期的标签,包扎后进行高压蒸汽灭菌,在 121 ℃下灭菌 20 min。

2. 准备保护剂

制备 10%甘油或 10%二甲亚砜水溶液作为冷冻保护剂,进行高压蒸汽灭菌,在 121 ℃下灭菌 30 min。

3. 制备菌悬液

将单细胞微生物接种到合适培养基上,在适宜条件下培养至静止期,产孢子的微生物应培养到成熟孢子形成时期。吸取适量无菌生理盐水于斜面菌种管内,用接种环将菌苔从斜面上轻轻刮下置于斜面菌种管内,制成均匀菌悬液。

4. 添加保护剂

吸取菌悬液 2 mL 至无菌试管中,加入 2 mL 10% 甘油或 10% 二甲亚砜水溶液,混合均匀。

5. 分装菌悬液

吸取 0.5 mL 含有保护剂的菌悬液分装到安瓿管中,对于不产孢子的丝状真菌,平板培养后用无菌打孔器在平板上切下直径约 5 mm 含菌落的琼脂块,置于放有保护剂的安瓿管中,用火焰熔封管口。为检查安瓿管是否密封,将熔封后的安瓿管浸于 4～8 ℃次甲基蓝溶液中静置,观察是否有溶液进入管内。经检验密封合格才能进行冷冻。

6. 冷冻处理

适合控速冻结的菌种存活率易受冷冻速度的影响，为避免细胞快速冷却受损，将进行控速冻结的菌悬液在控制冷却速度装置控制下，使菌悬液温度每分钟下降 1～2 ℃，当温度下降至－40 ℃，立即将安瓿管放在液氮冰箱中进行超低温冻结。若无控制冷却速度装置，可将安瓿管放在－45 ℃的低温冰箱中，冷冻 1 h，再放入液氮冰箱中。

7. 保藏

将冻结的菌种安瓿管立即放入液氮冰箱中，在液相或气相中保藏。进行气相保藏时，将安瓿管放在液氮液面上方的气相－150 ℃中保藏；进行液相保藏时，将安瓿管放在提桶内再放入液相液氮－196 ℃保藏。

8. 菌种恢复培养

将安瓿管从液氮冰箱中取出后，立即放在 38 ℃的水浴中解冻。融化后，在无菌操作条件下打开安瓿管，将安瓿管的培养物移至 2 mL 无菌培养基中，混匀后吸取 0.1 mL 左右的菌悬液至平板上，在适宜条件下培养。如果需要测定菌种的存活率，可以适当稀释后进行平板菌落计数，与冻结前比较，求出存活率。

五、实验结果

将菌种名称、培养条件、保藏日期、保护剂等记录于表 2-20 中。

表 2-20　实验结果记录表

菌种名称	培养条件		保藏日期	保护剂	液相或气相保藏	存活率
	培养基	培养温度				

六、注意事项

(1) 液相保藏的安瓿管务必密封严实，否则在从液氮冰箱中取出安瓿管时，安瓿管会因为温度骤增而炸裂。

（2）将安瓿管放入液氮冰箱以及从液氮冰箱取出安瓿管时，要注意防护，戴上护具，以防冻伤。

七、思考题

（1）简述液氮超低温冷冻保藏的原理。

（2）减少低温条件下细胞受损的方法是什么？

（3）怎样确保进行冻结前安瓿管密封严实？如果密封不严，会出现什么后果？

第三章 环境微生物学综合实验

自然界中的微生物常一起混杂生长，如果研究某一种微生物特性或大量培养某一种微生物，就要对混杂生长的微生物进行分离纯化，以获得目的微生物的纯培养物。选择性培养基是根据某种微生物的生长要求或者其对理化因素的抗性设计的特殊培养基，作用是使混杂生长的微生物中的特定菌种发展为优势菌，广泛应用于微生物菌种的分离筛选。富集培养是选用特定的选择性培养基培养混杂生长的微生物，让目的微生物迅速生长变为优势菌种，在数量上占有绝对优势，从而获得纯培养物的培养方法。

微生物分离纯化的主要过程由采集样品、利用选择性培养基富集培养、纯种分离和性能检测四个环节组成。首先根据目的微生物的分布特点确定采样地点；其次，根据目的微生物的生长特性配制添加特定物质的培养基，使目的微生物在数量上占有绝对优势，抑制其他微生物的生长；接着，用平板划线法、涂布平板法和浇注平板法等分离出目的微生物的纯培养物；最后，对分离出的目的菌进行性能检测，根据检测结果进行初筛和复筛。

为了快速得到目的微生物的纯培养物，关键是确定目的微生物的最适培养条件，研究目的微生物和其他微生物之间的生命活动特点的差异，将适宜生长条件控制在最小的范围内，以便使目的微生物快速占据数量优势，淘汰其他微生物。

实验十一 土壤中微生物的检测和分离

一、实验目的

(1) 了解土壤微生物的组成和数量。

(2) 掌握从土壤中分离细菌、放线菌、酵母菌和霉菌的原理和方法。

二、实验原理

从自然界中获取有应用价值的微生物,是微生物学的常规研究工作之一。土壤含有微生物生长所需的营养物质和供微生物繁殖的各种条件,它含有的微生物种类非常丰富,包括细菌、真菌、放线菌和原生动物等,因此,土壤被称作微生物生活的"大本营"。此外,土壤中的微生物参与土壤中氮元素、磷元素、钾元素、硫元素等的循环,微生物的活动对土壤肥力和组成也有重要作用。因此,明确土壤中微生物的组成和数量,对于研究土壤以及微生物有指导作用。

为获得某种微生物,要对菌悬液进行不同程度的稀释,并添加特定物质用于抑制其他不需要的微生物的生长。通过平板划线分离法、涂布平板分离法和浇注平板分离法,让微生物分散在平板上,在适当条件下培养形成单个菌落,挑取单菌落接种至相应的新鲜培养基上,即获得纯培养物。

三、实验材料

(1) 菌种来源:土壤样品。

(2) 培养基:牛肉膏蛋白胨培养基、马铃薯葡萄糖琼脂培养基、高氏Ⅰ号培养基。

(3) 试剂:无菌水、链霉素溶液(5000 U/mL)、0.5%重铬酸钾溶液。

(4) 其他:无菌培养皿、无菌试管、无菌移液管(或移液枪)、涂布棒、接种环、酒精灯、水浴锅、恒温培养箱、记号笔等。

四、实验步骤

（一）制备土壤稀释悬液

1. 采集土壤样品

在采样地点用铲子铲去表层土，取深层土壤（距离地表 10 cm 左右）5 g，放进无菌袋后封口，在无菌袋上记录采样地点、采样时间和周围环境情况。

2. 制备土壤悬液

称取 1 g 土壤，将其放入盛有 99 mL 无菌水的锥形瓶里，塞上瓶塞，振荡 10 min 左右，使土壤中的菌体或孢子充分散开，此时制成稀释度为 10^{-2} 的土壤悬液。

3. 稀释土壤悬液

取 6 支无菌试管，依次编号 10^{-3}，10^{-4}，10^{-5}，10^{-6}，10^{-7} 和 10^{-8}。在无菌操作条件下，用无菌移液枪向每支试管加入 4.5 mL 无菌水，然后用右手拔出装有 10^{-2} 土壤菌悬液的锥形瓶的瓶塞，用移液枪吸取 0.5 mL 的土壤悬液至编号 10^{-3} 的试管中，充分摇匀菌液。更换枪头，在编号 10^{-3} 试管中反复吸吹样品数次，使之充分混匀，并精确移取 0.5 mL 菌液至 10^{-4} 试管中。以此类推，直至稀释到 10^{-8} 为止。

（二）分离微生物

1. 平板划线法分离细菌

(1) 培养皿编号：取 9 套无菌培养皿，依次编号 10^{-6}，10^{-7} 和 10^{-8}，每个稀释度设 3 个平行样。

(2) 培养基融化：在水浴锅中加热已灭菌的培养基，使其充分融化。

(3) 倒平板：待培养基冷却到 50 ℃左右，在无菌操作条件下倒 9 个平板，静置，待凝。

(4) 平板划线：在酒精灯火焰周围的无菌操作区域内，左手持平板皿底，让平板朝向火焰，用灭菌后的接种环挑取适量稀释度为 10^{-6} 的菌悬液，采用分区划线方法轻轻地在标有 10^{-6} 稀释度的平板上划线，具体操作方法见第二章实验五中平板划线法分离菌种。按照此法，依次在其余 8 个平板划线。

(5) 培养:将划线的平板倒置于 37 ℃恒温培养箱中培养 24 h,观察菌落形态和分离结果。

(6) 挑取单菌落:在无菌操作条件下,用接种环挑取单菌落接种到新鲜的牛肉膏蛋白胨斜面培养基上培养,获得初步分离产物。重复上述步骤,直至获得纯培养物。

2. 涂布平板法分离放线菌

(1) 培养皿编号:取 9 套无菌培养皿,依次编号 10^{-6},10^{-7}和 10^{-8},每个稀释度设 3 个平行样。

(2) 培养基融化:在水浴锅中加热已灭菌的培养基,使其充分融化。

(3) 倒平板:在每个无菌培养皿内加入两滴 0.5% 重铬酸钾溶液,然后待培养基冷却到 50 ℃左右,在无菌操作条件下将培养基倒入 9 个平板,立即将平板平稳快速地沿前后、左右、顺时针以及逆时针等方向轻轻摇晃,使 0.5%重铬酸钾溶液和培养基混合均匀,静置,冷凝。

(4) 加菌液:在无菌操作条件下,分别从稀释度为 10^{-6},10^{-7},10^{-8}的试管中吸取 0.1 mL 菌液加到相应编号的平板上。

(5) 涂布平板:在酒精灯火焰周围的无菌操作区域内,左手持一套培养皿,并让皿盖掀起露出一条小缝,右手持灭菌后的涂布棒把平板上的少量菌液涂开,使其均匀分布在整个平板上。

(6) 培养:将涂布菌液的平板倒置于 28 ℃恒温培养箱中培养 3～4 d,观察放线菌菌落形态,计算每克土壤中放线菌的数量,公式如下:

土壤中放线菌的数量(个/g)=平板上放线菌的平均菌落数×10×稀释倍数/(1－土壤含水率)

(7) 挑取单菌落:在无菌操作条件下,用接种环挑取单菌落接种到新鲜的高氏Ⅰ号培养基上培养,获得初步分离产物。重复上述步骤,直至获得纯培养物。

3. 浇注平板法分离真菌

(1) 培养皿编号:取 9 套无菌培养皿,依次编号 10^{-6},10^{-7}和 10^{-8},每个稀释度设 3 个平行样。

(2) 培养基的融化:将装有无菌培养基的锥形瓶置于水浴锅中加热,直至充分融化。

(3) 加菌液和特定试剂：在无菌操作条件下，分别从稀释度为 10^{-6}，10^{-7}，10^{-8} 的试管中吸取 1 mL 菌液加到相应编号的培养皿内，并在每个培养皿中加入两滴 5 000 U/mL 链霉素溶液，不要让菌液和链霉素溶液混合。

(4) 浇注平板：在酒精灯火焰周围的无菌操作区域内，向各个培养皿中倒入约 15 mL 融化后且冷却至 50 ℃左右的培养基，立即将平板平稳快速地沿前后、左右、顺时针以及逆时针等方向轻轻摇晃，让链霉素、菌悬液与培养基混合均匀，然后置于水平实验台上冷凝。

(5) 培养：将平板倒置于 28 ℃恒温培养箱中培养 5～7 d。观察实验结果，计算出每克土壤中真菌的数量，公式如下：

土壤中真菌的数量(个/g)＝平板上真菌的平均菌落数×稀释倍数/(1－土壤含水率)

(6) 挑取单菌落：在无菌操作条件下，用接种环挑取单菌落接种到新鲜的马铃薯葡萄糖琼脂培养基上培养，获得初步分离产物。重复上述步骤，直至获得纯培养物。

五、实验结果

将土壤中微生物的种类、菌落形态以及每克土壤含菌数量(细菌除外)记录于表 3-1 中，绘制或拍照记录典型菌落形态。

表 3-1　实验结果记录表

菌落种类	菌落形态	菌落数	每克土壤含菌数量

六、注意事项

(1) 浇注平板时，培养基的温度不能过高，应该冷却至 50 ℃左右，否则可能烫死菌体，影响实验结果。

(2) 在真菌的分离纯化中，加菌液和链霉素溶液后，不要让菌液和链霉素溶液混合。

七、思考题

(1) 分离放线菌和真菌时,分别加入重铬酸钾和链霉素溶液的原因是什么?

(2) 简述平板划线法、涂布平板法和浇注平板法的适用范围,并比较它们的优缺点。

实验十二 空气中微生物的检测和分离

一、实验目的

(1) 了解空气中微生物的分布状况和主要微生物的种类。

(2) 掌握检测和分离空气中微生物的方法。

二、实验原理

大部分微生物是通过水滴、土壤颗粒、人体和动物的脱落物质以及消化道和呼吸道排泄等途径进入空气中。空气中的微生物主要附着在尘埃颗粒上或者漂浮在大气中。空气中没有微生物生长繁殖所需的营养物质,但是有些微生物可以产生休眠体,因此,可以在空气中存在。空气中微生物的数量主要取决于环境质量。本实验中采用沉降法检测空气中的微生物。

三、实验材料

(1) 菌种来源:选定空间范围内的空气。

(2) 培养基:牛肉膏蛋白胨培养基、马铃薯葡萄糖琼脂培养基和高氏Ⅰ号培养基。

(3) 其他:恒温培养箱、水浴锅、无菌棉签、酒精灯、无菌培养皿、记号笔、标签纸等。

四、实验步骤

(1) 融化培养基:将灭菌后的牛肉膏蛋白胨培养基、马铃薯葡萄糖琼脂培养基和高氏Ⅰ号培养基放在水浴锅中加热，直至充分融化。

(2) 培养皿编号：取 9 套无菌培养皿，依次编号，每种培养基设 3 个平行样。

(3) 倒平板：待培养基冷却到 50 ℃左右，在无菌操作条件下，将以上 3 种培养基分别倒 3 个平板，静置，待凝。

(4) 取样及接种：选定一定空间，如窗台、实验室桌面，平放平板，打开无菌平板的皿盖，让其在空气中暴露 10 min，使空气中的微生物颗粒自然沉降接种至平板表面，随后盖上皿盖。

(5) 培养：将接种后的牛肉膏蛋白胨平板倒置放入 37 ℃的恒温培养箱中培养，24 h 后结束培养。将马铃薯葡萄糖琼脂平板放在 28 ℃恒温培养箱中培养 3～4 d。将高氏Ⅰ号培养基平板放在 28 ℃的恒温培养箱中培养 5～7 d。分别观察各个平板上菌落出现情况及菌落的颜色、形状、大小等。

(6) 挑取单菌落：在无菌操作条件下，用接种环挑取单菌落接种到相应的新鲜培养基上培养，获得初步分离产物。重复上述步骤，直至获得纯培养物。

(7) 后处理：清洗实验用具。实验结果记录完毕后，将含菌平板皿盖打开，放入沸水中煮 10 min 以杀灭平板上的培养物。清洗培养皿，倒置皿底，将皿盖倒扣在皿底上，晾干。

五、实验结果

将观察的实验结果记录于表 3-2 中。

表 3-2　　实验结果记录表

检测位置	培养基	菌落数/皿	菌落特征

六、注意事项

倒平板的过程中，注意采用无菌操作方法，勿用手碰触装有无菌培养基锥形瓶的瓶口，防止瓶口过火焰后温度过高导致烫伤。瓶口不要朝上放置，以免染菌。

七、思考题

(1) 根据实验结果总结空气中微生物的种类及分布状况。

(2) 实验结束后，根据实验过程总结影响实验的因素。

(3) 固体培养基中琼脂作为凝固剂的优点是什么？

实验十三　水体中细菌总数的检测

一、实验目的

(1) 了解细菌总数和水质状况的关系。

(2) 掌握采集水样和水体中细菌总数计数的方法。

二、实验原理

水和人类活动关系密切，水体中细菌总数可以用于衡量和判定水样被污染的程度，在一定程度上反映了水质状况。细菌总数是 1 mL 水样在牛肉膏蛋白胨培养基中，经 37 ℃培养 24 h 后生长出来的细菌菌落数。水质中有机质含量多，细菌总数也就越多。我国规定合格的生活饮用水中细菌总数小于 100 cfu/mL。本实验中采用平板菌落计数的方法检测水体中的细菌总数。

三、实验材料

(1) 培养基：牛肉膏蛋白胨培养基。

(2) 试剂：无菌生理盐水。

(3) 器具：水浴锅、恒温培养箱、采样瓶或采样器、无菌培养皿、无菌试管、无菌移液管(或移液枪)、记号笔、标签纸等。

四、实验步骤

(一) 采样

1. 自来水采样

用火焰灼烧自来水龙头 3 min 进行灭菌,接着打开水龙头放水 5～10 min,然后用无菌采样瓶接取适量水样,随即送到实验室进行测定。如果自来水中有余氯,在采样瓶灭菌之前,在瓶中加入少许硫代硫酸钠溶液(500 mL 水样中加入 3%硫代硫酸钠 1 mL),除去余氯的杀菌作用。

2. 河水、池水、江水或湖水采样

将无菌采样瓶浸入水中,在距离水面 10～15 cm 深的水中打开采样瓶塞,让水流入采样瓶中,然后塞上瓶塞,让采样瓶塞底部与瓶内水样留有一定孔隙,再从水体中取出采样瓶。如果使用采样器采样,其底部有重沉坠,将采样器放入水中的采样深度处,拉起瓶盖绳,让水流入采样瓶中,然后松开瓶盖绳,瓶盖自动盖好,再取出采样器,送到实验室进行测定。

(二) 细菌总数计数

1. 自来水

(1) 培养皿编号:取 3 套无菌培养皿,依次编号,设 2 个平行样,余下的 1 套培养皿用于作对照实验。

(2) 融化培养基:将装有灭菌后的牛肉膏蛋白胨培养基的锥形瓶放在水浴锅中加热,直至充分融化。

(3) 加水样:在无菌操作条件下,用无菌移液管或移液枪吸取 1 mL 自来水样加至无菌培养皿中。

(4) 浇注平板:在培养皿中加入融化后冷却至 50 ℃的牛肉膏蛋白胨培养基,平稳快速地沿前后、左右、顺时针以及逆时针等方向轻轻摇匀,接着向一个无菌培养皿中加入约 15 mL 培养基作为对照,静置,待凝。

(5) 培养:将上述凝固的平板倒置于 37 ℃的恒温培养箱中培养 48 h,观察实验结果。

2. 河水、池水、江水或湖水

(1) 编号:取 3 支无菌试管,依次编号 10^{-1},10^{-2},10^{-3};取 7 套无菌培

养皿，其中1个作为对照，其余6个依次编号10^{-1}，10^{-2}，10^{-3}，每个稀释度设2个培养皿。

（2）融化培养基：将装有灭菌后的牛肉膏蛋白胨培养基的锥形瓶放在水浴锅中加热，直至充分融化，冷却至50 ℃左右，将其放在50 ℃水浴锅中备用。

（3）稀释水样：用无菌操作的方法，在上述3支试管内分别加入9 mL无菌生理盐水，然后用无菌的移液管吸取水样1 mL加入编号为10^{-1}的试管中，摇匀。更换无菌移液管，在编号为10^{-1}试管中反复吸吹样品数次，使之充分混匀，并精确移取1 mL菌液至编号为10^{-2}试管中。依次类推，直至稀释至编号为10^{-3}试管。

（4）加稀释水样：在无菌操作条件下，从稀释度为10^{-1}试管中吸取稀释水样1 mL移入编号为10^{-1}无菌培养皿中，每一稀释度设置2个重复。按照此法，依次将其余稀释度的水样加至相应的无菌培养皿中，用于对照的培养皿不加稀释水样。

（5）浇注平板：将融化后且冷却至50 ℃的培养基分别加到7套无菌培养皿中，每个培养皿加入量约15 mL，加入后立即轻快地摇匀，静置，待凝。

（6）培养：将上述平板倒置于37 ℃的恒温培养箱中培养48 h，观察实验结果。

3. 计数总菌落

将培养结束后的平板取出，用肉眼观察并计数平板上的菌落数。通常选择平均菌落数在30～300的稀释度，用同一稀释度下两个平板菌落数的平均值乘稀释倍数，计算出1 mL水样中细菌总数。但根据实际情况有不同的计算方法：

（1）选择平均菌落数在30～300的稀释度，当只有1个稀释度平均值符合要求时，用该稀释度的平均菌落数乘稀释倍数，即得水样中细菌总数。

（2）如有2个稀释度平均值符合要求，用两者菌落数比值决定。如果两者比值小于2，则取两者菌落数的平均值；如果两者比值大于2，则选取两者中细菌菌落数较小的数值。

（3）如果3个稀释度的平均值均小于30，则应用最低稀释度的平均菌落数乘稀释倍数。

(4) 如果3个稀释度的平均值均大于300,则应用最高稀释度的平均菌落数乘稀释倍数。

(5) 如果3个稀释度的平均值均不在30～300之间,则用最接近300或最近30的平均菌落数乘稀释倍数。

(6) 选用无片状菌苔的平板进行计数。如果平板上长有大片菌苔,此平板不用于计数。如果菌苔面积小于整个平板面积的1/2,且另一部分菌落分布均匀,则按有菌落的一侧计数,并乘2得出整个平板的菌落数,然后乘稀释倍数。

(7) 菌落数较大时,可以采用四舍五入,用科学计数法表示。

五、实验结果

将不同水样的平板菌落数计数结果记录于表3-3中。

表 3-3 实验结果记录表

<table>
<tr><td>水样</td><td colspan="4">平板菌落数</td><td rowspan="2">菌落总数/(cfu/mL)</td><td rowspan="2">是否符合标准</td></tr>
<tr><td rowspan="2">自来水</td><td>1</td><td>2</td><td>3</td><td>对照</td></tr>
<tr><td></td><td></td><td></td><td></td><td></td><td></td></tr>
</table>

<table>
<tr><td rowspan="2">水样</td><td colspan="3">不同稀释度平均菌落数</td><td rowspan="2">稀释度菌落数比值</td><td rowspan="2">菌落总数/(cfu/mL)</td></tr>
<tr><td>10^{-1}</td><td>10^{-2}</td><td>10^{-3}</td></tr>
<tr><td>河水</td><td></td><td></td><td></td><td></td><td></td></tr>
<tr><td>池水</td><td></td><td></td><td></td><td></td><td></td></tr>
<tr><td>江水</td><td></td><td></td><td></td><td></td><td></td></tr>
<tr><td>湖水</td><td></td><td></td><td></td><td></td><td></td></tr>
</table>

六、注意事项

(1) 水样采集后要立即送到实验室进行检测。若不能及时检测,应将其放在4 ℃低温冰箱中保存,但存放时间不得超过24 h,并记录采样时间和检测时间。

(2) 较为清洁的水样可以在12 h内完成测定,水质较差的水样要在6 h内完成检测。

(3) 水样中总细菌菌落的计数，主要应弄清楚计数方法，明确不同稀释度的平均菌落数之间的关系。

七、思考题

(1) 通过水样测定的结果，分析不同来源的水体质量状况。

(2) 细菌总数测定能否将水体中全部的细菌检测出来？

(3) 根据实验过程，总结影响实验结果的因素有哪些？

实验十四　水体中大肠杆菌的检测

一、实验目的

(1) 了解水体中大肠杆菌检测的原理和重要性。

(2) 掌握水体中大肠杆菌的检测方法。

二、实验原理

大肠杆菌能够在 37 ℃生长并在 24 h 内发酵产生乳糖产酸产气的革兰氏阴性无芽孢杆菌。通常包括肠杆菌科的埃希氏菌属(*Escherichia*)、克雷伯氏菌属(*Klebsiella*)、柠檬酸杆菌属(*Citrobacter*)和肠杆菌属(*Enterobacter*)。大肠杆菌主要来源于粪便，与多数肠道病原菌存活期接近，易于培养，数量众多，因此是粪便污染的指示菌，并据此评价饮用水卫生质量。我国饮用水卫生标准规定每 100 mL 水中不得检出总大肠菌群。

本实验采用多管发酵法测定总大肠菌群，具体方法是：将一定量水样接种至乳糖发酵管，根据反应结果确定总大肠菌群的阳性管数，对照 MPN 表检查总大肠杆菌群的值。

三、实验材料

(1) 水样：自来水、河水、池水、江水或湖水等。

(2) 培养基：乳糖蛋白胨培养基、两倍浓度浓缩的乳糖蛋白胨培养基、伊红美蓝培养基。

(3) 试剂:无菌生理盐水、革兰氏染液、香柏油。

(4) 其他:显微镜、无菌锥形瓶、试管、移液管、无菌培养皿、盖玻片、载玻片等。

四、实验步骤

1. 培养基的配制

(1) 乳糖蛋白胨培养基

配方:牛肉膏 3 g、蛋白胨 10 g、乳糖 5 g、氯化钠 5 g、1.6%溴甲酚紫酒精溶液 1 mL、蒸馏水 1 000 mL、pH=7.2~7.4。

配制方法:把牛肉膏、蛋白胨、乳糖和氯化钠溶解于 1 000 mL 蒸馏水中,调节 pH 值为 7.2~7.4,再加入 1 mL 1.6%溴甲酚紫酒精溶液,混匀,分装于含有倒置杜氏小管的试管内,每只试管装量 10 mL。最后在 115 ℃下灭菌 20 min,备用。

(2) 两倍浓度浓缩的乳糖蛋白胨培养基

按上述乳糖蛋白胨培养基浓缩两倍的配方进行配制,分装于含有倒置杜氏小管的试管内,每只试管装量 10 mL。最后在 115 ℃下灭菌 20 min,备用。

(3) 伊红美蓝培养基(EMB 培养基)

配方:蛋白胨 10 g、乳糖 10 g、磷酸氢二钾 2 g、琼脂 20 g、2%伊红水溶液 20 mL、0.5%美蓝水溶液 13 mL、蒸馏水 1 000 mL、pH=7.1~7.4。

配制方法:把蛋白胨、乳糖、磷酸氢二钾和琼脂溶解于 1 000 mL 的蒸馏水中,调节 pH 值为 7.2~7.4,过滤后分装于锥形瓶中,包扎后在 115 ℃下高压蒸汽灭菌 20 min,取出后加入 2%伊红水溶液和 0.5%美蓝水溶液,混合均匀,在无菌操作条件下倒入无菌培养皿中,静置冷凝。

2. 水样的采集

方法步骤同本章节实验三。

3. 自来水的检测

(1) 初发酵实验

在无菌操作条件下,取 10 mL 水样至装有 10 mL 两倍浓度浓缩的乳糖蛋白胨培养基的试管中,设 5 个平行试管;接着,吸取 1 mL 水样至装有 10

mL 乳糖蛋白胨培养基的试管中，设 5 个平行试管，然后吸取 1 mL 水样至装有 9 mL 无菌生理盐水的试管中，充分混匀后吸取 1 mL 转移至装有 10 mL 乳糖蛋白胨培养基的试管中，依旧设 5 个平行试管。将接种后的试管放在 37 ℃恒温培养箱中 24 h，观察其是否产酸产气。若培养基变黄，表明产酸，倒置杜氏小管中有气体，表明产气，那么实验结果为阳性反应；若培养基不变黄，表明不产酸，倒置杜氏小管中无气体，表明不产气，那么实验结果为阴性反应。实验过程如图 3-1 所示。

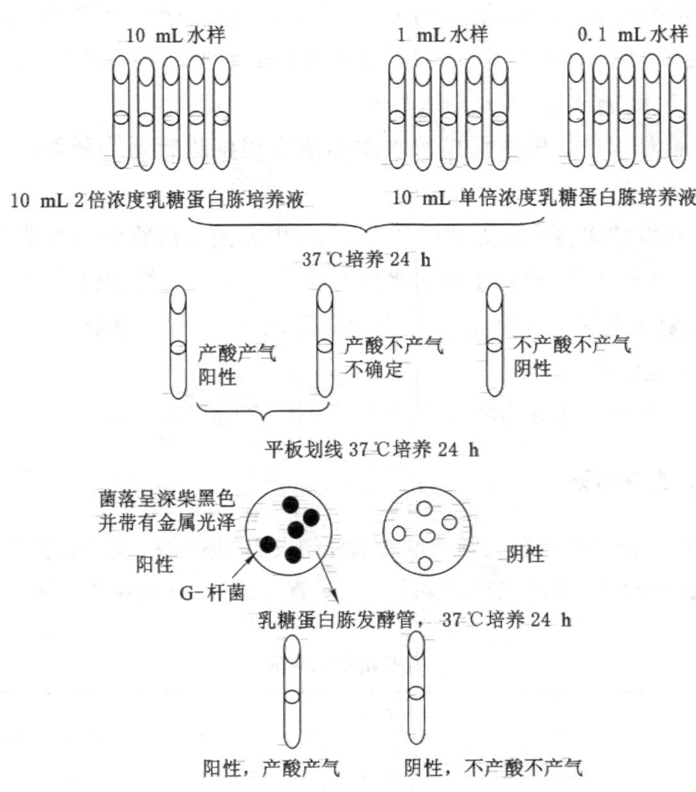

图 3-1　水体中大肠杆菌群检测过程

(2) 平板划线法分离

将培养 24 h 后的产酸产气的试管从培养箱中取出，在无菌操作条件下，用灭菌的接种环挑取适量菌液在伊红美蓝培养基上进行四区划线，盖上皿盖后，在 37 ℃恒温培养箱中培养 18～24 h，观察菌落特征，然后进行涂片，经革兰氏染色后镜检。如果镜检结果显示细菌革兰氏染色呈阴性、无芽孢、呈杆状，且平板上的菌落呈深紫黑色并带有金属光泽、呈紫黑色且不带金属光泽或是呈现淡紫红色且中心颜色较深，则表明大肠菌群存在。

(3) 复发酵实验

在无菌操作条件下，用灭菌后的接种环挑取适量伊红美蓝平板上具有典型特征的菌落，接种到装有 10 mL 乳糖蛋白胨培养基的试管中，37 ℃恒温培养箱中培养 24 h。培养结束后，若试管内出现产酸产气现象，则证明大肠菌群存在。根据阳性试管数，查 MPN 表，计算水样中总大肠菌群数。

4. 河水、池水、江水或湖水的检测

① 稀释水样。根据水样的水质和洁净程度进行适当稀释，一般稀释 10 倍和 100 倍。

② 初发酵实验。在无菌操作条件下，用无菌移液管分别吸取 1 mL 水样、稀释 10 倍水样、稀释 100 倍水样至装有 10 mL 乳糖蛋白胨培养基的试管中，设置 5 个平行试管，然后将各个试管放在 37 ℃恒温培养箱中培养 24 h，观察实验结果。

③ 平板划线法分离和复发酵实验操作方法同自来水检测。

五、实验结果

将经过证实存在总大肠菌群的水样初发酵的实验结果记录于表 3-4。根据阳性试管数，查 MPN 表(附录十一)，计算 100 mL 水样中总大肠菌群数。

表 3-4　　实验结果记录表

水样来源	水样体积/mL			总大肠菌群数
	10	1	0.1	
自来水				
河水				
池水				
江水				
湖水				

六、注意事项

在检测河水、池水、江水或湖水总大肠菌群时，根据水源具体情况确定稀释倍数，如果水质被污染，可以适当增大稀释倍数。在计算 MPN 值时，要将从表中查到的数值乘稀释倍数。

七、思考题

(1) 简述选用水中大肠菌数作为衡量水质的卫生指标的原因。

(2) 测定水中大肠菌群的意义是什么？

(3) 根据实验结果判定自来水是否符合饮用标准，并总结河水、池水、江水或湖水的水质状况。

实验十五　人体表面微生物的检测和分离

一、实验目的

(1) 初步了解人体表面微生物的分布状况。

(2) 掌握人体表面微生物的检测和分离方法。

二、实验原理

人体表面存在多种微生物，如口腔、头发、手掌以及其他裸露的皮肤等都存在微生物。为了观察这些肉眼无法看到的微生物，可以用适当的接种方法将其接种到适宜的培养基上，在合适的条件下培养一段时间后，少量分散的微生物会在培养基上形成肉眼可见的细胞群体，即菌落。如果菌落由单个细胞或单个孢子繁殖而成，该菌落则为纯菌落。将纯菌落接种至新鲜培养基上继续培养，便可获得微生物的纯培养物。

三、实验材料

(1) 菌种来源：人体口腔、头发、手指等。

(2) 培养基：牛肉膏蛋白胨培养基、马铃薯葡萄糖琼脂培养基和高氏Ⅰ

号培养基。

(3) 其他:恒温培养箱、水浴锅、无菌棉签、酒精灯、无菌培养皿、记号笔、标签纸等。

四、实验步骤

1. 融化培养基

将灭菌后的牛肉膏蛋白胨培养基、马铃薯葡萄糖琼脂培养基和高氏Ⅰ号培养基放在水浴锅中加热,直至充分融化。

2. 培养皿编号

取无菌培养皿,依次编号,每个部位设 2 个平行样。

3. 倒平板

待培养基冷却到 50 ℃左右,在无菌操作条件下,将以上 3 种培养基分别倒平板,静置,待凝。

4. 取样及接种

(1) 口腔:在无菌操作条件下,打开无菌培养皿皿盖,对着平板培养基表面咳嗽,以此方式接种;或者用无菌棉签在口腔中取样,接着在平板培养基表面划线接种,盖上皿盖。

(2) 头发:在无菌操作条件下,打开无菌培养皿皿盖,让头发在培养基的正上方,用手指轻轻拨动头发,以菌体落入培养基表面的方式进行接种,盖上皿盖。

(3) 手指:无菌操作条件下,将未清洗的手指在无菌培养基表面的一侧划线接种。用洗涤液清洗双手,洗净后在培养基的另一侧划线接种,盖上培养皿盖。

5. 培养

将接种后的牛肉膏蛋白胨平板倒置放入 37 ℃的恒温培养箱中培养 24 h。将马铃薯葡萄糖琼脂平板放在 28 ℃恒温培养箱中培养 3～4 d。将高氏Ⅰ号培养基平板放在 28 ℃的恒温培养箱中培养 5～7 d。分别观察各个平板上菌落出现情况及菌落的颜色、形状、大小等。

6. 挑取单菌落

在无菌操作条件下,用接种环挑取单菌落接种到相应的新鲜培养基上培养，获得初步分离产物。重复上述步骤，直至获得纯培养物。

7. 后处理

实验结果记录完毕后，将含菌平板皿盖打开，放入沸水中煮 10 min 以杀灭平板上的培养物。清洗培养皿，倒置皿底，将皿盖倒扣在皿底上，晾干。

五、实验结果

将实验结果记录于表 3-5 中，并比较人体不同部位菌落的分布、数量和种类等。

表 3-5　实验结果记录表

<table>
<tr><th colspan="2">检测部位</th><th>培养基</th><th>菌落数/皿</th><th>分离前的菌落特征</th><th>纯培养物的菌落特征</th></tr>
<tr><td colspan="2">口腔</td><td></td><td></td><td></td><td></td></tr>
<tr><td colspan="2">头发</td><td></td><td></td><td></td><td></td></tr>
<tr><td rowspan="2">手指</td><td>清洗之前</td><td></td><td></td><td></td><td></td></tr>
<tr><td>清洗之后</td><td></td><td></td><td></td><td></td></tr>
</table>

六、注意事项

(1) 冷却加热融化的培养基时，让其在室温下自然冷却，勿用冷水冲洗装有培养基的锥形瓶壁，否则会导致贴近瓶壁的培养基凝固。

(2) 口腔菌落接种时，如果采用咳嗽的方式接种，要用力咳嗽，否则无法将口腔内的微生物接种至平板培养基上。

七、思考题

(1) 总结口腔、头发和手指微生物分布情况。

(2) 根据实验过程，分析影响实验的因素。

实验十六　纤维素降解菌的分离纯化和活性测定

一、实验目的

(1) 了解纤维素降解菌分离和活性测定的基本原理。

(2) 掌握纤维素降解菌分离纯化的方法。

(3) 掌握纤维素降解菌活性测定的方法。

二、实验原理

纤维素是地球上最丰富、最廉价的可再生资源,它是植物细胞壁的主要构成物之一,约占植物秸秆干重的1/3～1/2,全球每年约40亿t。如何更为有效地转化和利用这一资源,已成为世界各国关注的重要的领域。纤维素酶是一种高活性生物催化剂,是降解纤维素生成葡萄糖的一组酶的总称。

纤维素是由葡萄糖分子组成的高分子多糖,性状稳定,不溶于水和一般的有机溶剂。纤维素的生物降解是利用纤维素酶的作用将其分解为二糖或单糖。纤维素酶广泛存在于自然界的微生物内,如细菌、真菌等微生物都可以产生纤维素酶,其中产纤维素酶的典型微生物主要包括曲霉属(*Aspergillus*)、木霉属(*Trichoderma*)、青霉属(*Penicillium*)等。本实验中利用滤纸所含的纤维素为仅有的碳源,在不含碳源的培养基上分离纤维素降解菌,并用DNS法测定纤维素降解菌产生的纤维素酶的降解活性。

三、实验材料

1. 培养基

(1) Dubos纤维素培养基:亚硝酸钠0.5 g、磷酸氢二钾1 g、七水合硫酸镁0.5 g、氯化钾0.5 g、七水合硫酸铁微量、蒸馏水1 000 mL,pH值为7.5。将以上组分配制溶液,混合均匀后分装入试管中,将无菌滤纸剪成小条,放进装有培养液的试管里,使滤纸条一端稍微露出培养液面。

(2) Hutchiison培养基:亚硝酸钠2.5 g、磷酸二氢钾1 g、七水合硫酸镁 0.3 g、氯化钙 0.1 g、氯化钠 0.1 g、氯化亚铁 0.01 g、蒸馏水 1 000 mL、pH 值为 7.2～7.4，因制作平板，需要加入琼脂 18～20 g。121 ℃下高压蒸汽灭菌 20 min。

2. 试剂

(1) 1 000 mg/L 刚果红溶液：准确称取 1 g 刚果红，加入 1 000 mL 无菌蒸馏水中，混合均匀。

(2) 柠檬酸缓冲液：精确称取分析纯 $C_6H_8O_7 \cdot 7H_2O$ 21.014 g 于 500 mL 烧杯中，加适量蒸馏水溶解，转移至容量瓶中定容至 1 000 mL，混匀。

(3) 3,5-二硝基水杨酸溶液(DNS 溶液)：准确称取酒石酸钾钠 185 g 溶于 500 mL 水中。向溶液中依次加入 DNS 6.3 g，2 mol/L NaOH 溶液 262 mL，加热搅拌使之溶解。再加入重蒸酚 5 g 和无水亚硫酸钠 5 g，搅拌使之溶解。冷却后转移至容量瓶定容至 1 L，充分混匀，贮于棕色试剂瓶，在室温下放置一周后使用。

(4) 1.000 mg/mL 葡萄糖标准溶液：在恒温干燥箱 105 ℃下将分析纯葡萄糖干燥至恒重，准确称量 100 mg 于烧杯中，加适量蒸馏水溶解，转移溶液至 100 mL 容量瓶中定容至 100 mL，充分混匀。

3. 仪器设备

恒温干燥箱、恒温培养箱、水浴锅、分光光度计、离心机等。

4. 其他

剪刀、滴管、不含淀粉的滤纸、比色皿、试管、烧杯、锥形瓶、移液管、容量瓶(规格：100 mL、1 000 mL)、无菌培养皿、具塞离心管、接种环、玻璃棒等。

四、实验步骤

(一) 富集培养

(1) 取含有产纤维素酶微生物的待分离的样品适量(如腐烂植物体周围的土壤)放入盛有无菌水的锥形瓶里，塞上瓶塞，振荡 10 min 左右，在无菌操作条件下，将其依次稀释，配制成 10^{-4}，10^{-5}，10^{-6} 三个稀释度的样品悬液。

(2) 用无菌操作的方法，从不同稀释度的悬液中分别吸取 1 mL 稀释液置于装有 10 mL Dubos 纤维素培养基的试管内，在 25～27 ℃恒温培养箱内培养。每隔 24 h 观察试管内的滤纸变化，注意液面附近滤纸是否变薄或出现斑点。分解旺盛的情况下，滤纸条会断裂。

(3) 融化含有琼脂的 Hutchiison 培养基，在无菌条件下倒入无菌培养皿中，制成平板。将上一步骤中出现断裂的滤纸条适当稀释制成菌悬液，吸取 0.5 mL 菌悬液加到平板上，用涂布棒将菌悬液均匀涂布在平板上。然后在平板表面盖一张与培养皿大小相近的无菌滤纸，用玻璃棒压平，使其与平板表面贴合。

(4) 将上述平板放在底部盛水的干燥器中，在 28～30 ℃培养 7～10 d。

(二) 平板划线分离与纯化

(1) 取出平板，在无菌操作条件下，用灭菌的接种环挑取滤纸上的菌落，在含有 0.1%葡萄糖的 Hutchiison 培养基平板上进行四区划线法，重复数次。

(2) 取无菌滤纸，将其剪成小纸片放在不含葡萄糖的 Hutchiison 培养基平板上。将在 0.1%葡萄糖的 Hutchiison 培养基上生长的菌落接种至滤纸片上，并在皿底做相应标记，在 28～30 ℃培养 7～10 d。

(三) 刚果红染色

向在上述经培养生长出菌落的培养基中加入 1 000 mg/L 刚果红溶液，以覆盖培养基表面为宜。10～15 min 后倾去刚果红溶液，并加入 1 mol/L NaCl 溶液，产纤维素酶的菌落周围此时会出现透明圈。

(四) 转接

在无菌操作环境下，将分离纯化得到的纤维素降解菌接种至 Hutchiison 培养基斜面上进行保存。

(五) 纤维素酶活性测定

1. 制备粗酶液

在无菌条件下用接种环挑取分离纯化后的纤维素降解菌接种至 Hutchiison 培养液中，在 28～30 ℃恒温培养箱中培养 3 d。将培养液放在离心机内，3 000 r/min 离心 15 min，取上清液即为粗酶液。

2. DNS 法测定纤维素酶活力的标准曲线

取 8 支具塞离心管，编号后依次按表 3-6 中的顺序加入相应的试剂，混匀后在沸水浴中加热 5 min，取出冷却，用蒸馏水定容至 20 mL，充分混匀。然后以 1 号管的空白试剂为参比，于 540 nm 波长处比色，测定样品吸光度，每个样品测定三次，记录吸光值，绘制吸光值对葡萄糖含量的标准曲线。

表 3-6　　DNS 法标准溶液配比

项　目	1	2	3	4	5	6	7	8
蒸馏水/mL	2.0	1.8	1.6	1.4	1.2	1.0	0.8	0.6
葡萄糖/(mg/mL)	0.0	0.2	0.4	0.6	0.8	1.0	1.2	1.4
DNS 试剂/mL	1.5	1.5	1.5	1.5	1.5	1.5	1.5	1.5

3. 酶活力测定

取 4 支具塞离心管，依次编号，在各管中分别加入 1.5 mL 柠檬酸缓冲液和 0.5 mL 粗酶液，向编号为 1 的管中加入 1.5 mL DNS 溶液使纤维素酶活性发生钝化，作为对照组。将 4 个具塞离心管同时在 50 ℃水浴锅中加热 5～10 min，然后向各管中依次放入 50 mg 滤纸片，继续在 50 ℃水浴中维持 1 h。取出具塞离心管，随即在 2，3，4 号管中加入 1.5 mL DNS 溶液结束酶反应，摇匀后用沸水加热 5 min。经冷却，用蒸馏水定容至 20 mL，充分摇匀。把 1 号管中的溶液作为参比，于 540 nm 波长处测定其余 3 个管中溶液的吸光度，求出 3 个吸光度的平均值，并在上述绘制的标准曲线上查出相应的葡萄糖含量。

4. 计算酶活力

纤维素酶活力(U/g)＝葡萄糖含量(mg)×酶液总体积(mL)×5.56/[反应时加入的酶液体积(mL)×样品质量(mg)×酶解时间(h)]

五、实验结果

(1) 观察并记录培养皿和试管中的滤纸状态。

(2) 将制备 DNS 法测定纤维素酶活力的标准曲线以及酶活力测定过程中各个样品的吸光值记录下来，并用 Excel 绘制标准曲线，并在标准曲线上标注样品的吸光值。

六、注意事项

滤纸在使用前要检查其是否含有淀粉，检查方法是在滤纸上滴加碘液，若呈现蓝色，则表明有淀粉存在。此时可以用1%稀醋酸浸泡滤纸24 h，用碘液检查无淀粉后，用2%苏打水冲洗至滤纸呈中性，将其进行灭菌后备用。

七、思考题

(1) 在培养基中加入滤纸的作用是什么?

(2) 简述分离纤维素降解菌并测定其活性的现实意义。

(3) 根据实验体会，总结影响实验的因素。

实验十七　酚降解菌的分离纯化和活性测定

一、实验目的

(1) 了解酚降解菌的分离纯化和活性测定的原理。

(2) 掌握分离酚降解菌的方法。

(3) 掌握酚降解菌活性测定的方法。

二、实验原理

酚类化合物对生物活体均可产生毒性。它可通过各种途径进入血液循环，破坏细胞活力，造成细胞的损伤。浓度较高的酚可以使蛋白质发生凝固现象，并深入机体内部，造成组织坏死甚至危及生命。含酚废水作为有毒的废水难以处理，并危害水体中其他生物的正常生长，破坏生态环境。苯酚属于芳香族化合物，难降解，是环境的主要污染物之一，已被我国列为环境污染物名单。苯酚降解先通过微生物体内的单加氧酶作用后变为邻苯二酚，然后经裂解生成β-酮己二酸，最后生成琥珀酸和乙酰 CoA 进入三羧酸循环，氧化后生成二氧化碳和水。

本实验中，首先富集培养可利用苯酚的菌落，经分离纯化后，筛选出酚降解菌纯培养物。然后，测定酚降解菌降解前后培养基中苯酚的含量，求出苯酚降解率，进而得出酚降解菌的活性。

三、实验材料

1. 菌种来源

菌种来源于含酚废水及其活性污泥、含酚量较高的土壤等。

2. 培养基

(1) 无酚培养液：蛋白胨 0.5 g、磷酸氢二钾 0.1 g、五水合硫酸 0.05 g、蒸馏水 1 000 mL、pH 值为 7.2～7.4，分装于锥形瓶，进行高压蒸汽灭菌，121 ℃维持 20 min。

(2) 含酚培养基：蛋白胨 0.5 g、磷酸氢二钾 0.1 g、苯酚 0.05 g、五水合硫酸 0.05 g、琼脂适量、蒸馏水 1 000 mL、pH 值为 7.2～7.4，进行高压蒸汽灭菌，121 ℃维持 20 min。

3. 试剂

(1) 苯酚标准溶液：精确称取结晶酚 1.000 g，用 100 mL 饱和的四硼酸钠溶解，转移至容量瓶中用蒸馏水定容至 1 000 mL，充分摇匀，吸取该溶液 10 mL 于 100 mL 容量瓶中定容，充分混匀。此溶液即为 0.1 mg/L 的苯酚溶液。

(2) 1 000 mg/L 酚溶液：精确称取结晶酚 1 g，用 1 000 mL 蒸馏水溶解。

(3) 缓冲液：称取氯化铵 2 g，用 100 mL 氨水溶解，pH 值约为 10，在冰箱中保存。

(4) 10%硫酸铜溶液：称取分析纯硫酸铜 10 g，用 100 mL 蒸馏水溶解。

(5) 9 mol/L 硫酸溶液：称取分析纯硫酸 50 mL，缓缓加入 150 mL 蒸馏水中，边加边用玻璃棒搅拌，防止局部液体过热造成液体飞溅。

(6) 3% 4-氨基安替比林溶液：称取分析纯 4-氨基安替比林 3 g，用 100 mL 蒸馏水溶解，盛放在棕色瓶中，放在低温冰箱中保存。

(7) 8%铁氰化钾溶液：称取铁氰化钾 8 g，用水溶解后稀释至 100 mL。

(8) 无菌水。

4. 仪器

分光光度计、摇床、恒温培养箱、分析天平等。

5. 其他

试管、烧杯、滴管、锥形瓶、移液管、容量瓶、蒸馏瓶、具塞比色管、无菌培养皿、酒精灯、接种环、玻璃棒等。

四、实验步骤

(一) 采样

取处理含酚废水的活性污泥和含酚废水或者含酚量较高的土壤样品，将其装入无菌采样瓶内，立即带回实验室进行分离和测定，并记录采样日期、采样地点、采样处环境状况。

(二) 富集培养

在无菌操作条件下，将采集的待分离样品接种于盛有 50 mL 无酚培养液和无菌玻璃珠的锥形瓶里，加入 1 000 mg/L 酚溶液 0.5 mL，塞上瓶塞，在 30 ℃下振荡培养 24～48 h。用无菌移液管转移 1 mL 培养液至装有 50 mL新鲜无酚培养液的锥形瓶中，并加入 1 000 mg/L 酚溶液 1 mL，在 30 ℃下振荡培养，连续重复上述步骤数次。且每次向培养液中加入的酚溶液以 0.5 mL 逐次递增，最终可获得酚降解菌的优势菌种。

(三) 平板划线分离与纯化

(1) 在无菌操作条件下，吸取最终的富集培养液 1 mL 置于装有 9 mL 无菌水的试管中，充分混合，依次稀释，配制成 10^{-3}，10^{-4}，10^{-5}三个稀释度的样品悬液。

(2) 融化含酚培养基，在无菌条件下倒入无菌培养皿中，制成平板。

(3) 吸取不同稀释度的菌液少量至含酚培养基上，用涂布棒将菌悬液均匀涂布在平板上。盖上皿盖，倒置于 30 ℃恒温培养箱中培养 24～48 h。

(4) 遵循无菌操作的方法，用接种环分别挑取平板上形态不同的单菌落少许，在新鲜的含酚培养基上划线，倒置于 30 ℃恒温培养箱中培养 24～48 h。重复数次，直至纯化。

(四) 转接

在无菌操作环境下，将分离纯化得到的酚降解菌接种至含酚培养基斜面上，在 30 ℃恒温培养箱中培养 24 h。

（五）酚降解菌活性测定

(1) 在无菌操作条件下，用灭菌的接种环挑取斜面上纯化的酚降解菌接种至装有 100 mL 经灭菌的无酚培养液锥形瓶中。设一个平行，然后取两瓶不接入菌种的无酚培养液作为对照组。将上述锥形瓶放在 30 ℃摇床中培养 24 h。

(2) 用无菌操作的方法向上述装有培养液的锥形瓶中加入 1 000 mg/L 酚溶液各 10 mL，使瓶中培养液的含酚量约为 91 mg/L，继续在 30 ℃摇床内培养 24 h。

(3) 取出上述装有培养液的培养瓶，从每瓶中吸取 50 mL 培养液分别放于 500 mL 蒸馏瓶中，并加入 10%硫酸铜溶液 100 mL、充分混匀后加入 9 mol/L 硫酸溶液 10 mL，继续摇匀，最后加入蒸馏水 200 mL，混匀后进行蒸馏。用锥形瓶收集蒸馏液体，当蒸馏液体积约为 200 mL 时，停止蒸馏，并将蒸馏液转移到 250 mL 容量瓶中，用蒸馏水定容至刻度线。

(4) 取 8 支具塞比色管依次编号，分别加入苯酚标准溶液 0.0 mL，0.5 mL，1.0 mL，3.0 mL，5.0 mL，7.0 mL，10.0 mL，12.5 mL，加蒸馏水至 50 mL 刻度线，然后依次加入 0.5 mL 缓冲液、1.0 mL 3% 4-氨基安替比林溶液和 1.0 mL 8%铁氰化钾溶液，加入每一种试剂后都要充分混匀。在室温下放置 10 min 后，随即以水为参比，在 510 nm 处测定吸光度。每个样品测定三次，记录吸光值，绘制吸光值对酚含量的标准曲线。

(5) 吸取定容后的蒸馏液 50 mL 至具塞比色管中，用水取代培养液作为对照，按上一步制备标准曲线的操作方法测定吸光度。

(6) 根据实验测得的吸光度在标准曲线上查出培养液中苯酚的剩余量(mg)。

（六）数据处理

1. 计算苯酚含量

苯酚含量(mg/L)＝标准曲线上查出的苯酚含量(mg)/1 000×50

2. 计算酚降解率

酚降解率＝(接种瓶培养前酚含量－接种瓶培养后酚含量)/接种瓶培养前酚含量×100%－(未接种瓶培养前酚含量－未接种瓶培养后酚含

量)/未接种瓶培养前酚含量×100%

五、实验结果

(1) 将制备标准曲线过程中各个标准溶液的吸光值记录下来,并用Excel绘制标准曲线,并在标准曲线上标注样品的吸光值。

(2) 根据酚含量,计算酚降解菌的降解率。

(3) 记录纯化后的酚降解菌的特征。

六、思考题

(1) 简述酚降解菌分离纯化以及降解活性测定的应用价值。

(2) 根据实验过程,总结实验的注意事项以及影响实验结果的因素。

实验十八　石油降解菌的分离纯化和活性测定

一、实验目的

(1) 掌握石油降解菌的分离方法。

(2) 掌握石油降解菌降解活性测定的方法。

二、实验原理

石油降解菌是一类能够将环境中存在的石油降解生成二氧化碳和水或者其他无毒无害物质的微生物,可用于治理石油污染。本实验中,通过从特定环境中取得的样品,经富集培养和分离纯化等过程,获得石油降解菌的纯培养物。再将其接种至含有石油的培养基中,测定培养前后石油含量的减少量,从而求出石油降解菌的降解率。根据降解率衡量石油降解菌的活性情况。

三、实验材料

1. 培养基

(1) 石油盐培养基:硝酸钾 2 g、七水合硫酸镁 1 g、轻柴油 10 mL、海水

1 000 mL。

(2) 石油硅胶平板：在接近至沸的 100 mL 7%氢氧化钾溶液中加入硅胶 10 g，制成硅酸钾溶液，取该溶液 50 mL 至锥形瓶中；取石油盐培养基 50 mL 至锥形瓶中，按 0.003%的比例加入适量酚红指示剂；将以上两个锥形瓶包扎后进行高压蒸汽灭菌，121 ℃维持 20 min。待石油盐培养基冷却至室温，向其中加入 1%磷酸二氢钾溶液 0.5 mL 和 20%磷酸溶液 1 mL，然后再加入 50 mL 硅酸钾溶液，随即快速摇匀，在无菌条件下分别倒入 5 套无菌培养皿中，静置，待凝。如果石油盐培养液 pH 值调为 7.0，且加入除菌后的 10 mg/L 制霉素，制成的平板可用于分离降解石油的细菌；如果石油盐培养液 pH 值调为 5.5，且加入除菌后的 50 mg/L 四环素和 50 mg/L 链霉素，制成的平板可用于分离降解石油的真菌。

2. 试剂

(1) 标准油。

(2) 脱去芳环、60～90 ℃馏分的石油醚。

(3) 标准油储备液：精确称取 0.100 g 标准油，与石油醚混合，将其转移至 100 mL 容量瓶中，用石油醚稀释至刻度，放进冰箱中保存。

(4) 标准油使用溶液：将标准油储备液用石油醚稀释 10 倍。

(5) 无水硫酸钠：将硫酸钠在 300 ℃烘箱中放置 1 h，冷却后备用。

(6) 1+1 硫酸：将一体积原硫酸用一体积蒸馏水稀释。

(7) 氯化钠。

(8) 无菌水。

3. 仪器

恒温培养箱、摇床、离心机、分光光度计。

4. 其他

锥形瓶、烧杯、试管、移液管、培养皿、分液漏斗、容量瓶、石英比色皿、离心管、接种环、酒精灯等。

四、实验步骤

1. 采样

取处理含有石油的土壤样品，将其装入无菌采样瓶内，随即带回实验室进行分离和测定，记录采样地点和采样日期。

2. 富集培养

将适量采集的样品加入装有 100 mL 石油盐培养基的锥形瓶中，放入摇床，在 20 ℃条件下振荡培养一周。在无菌操作条件下，取出 1 mL 培养液接种至新鲜石油盐培养基中，在 20 ℃条下振荡培养一周，重复数次。

3. 平板划线分离与纯化

(1) 在无菌操作条件下，吸取最终的富集培养液 1 mL 置于装有 9 mL 无菌水的试管中，充分混匀，依次稀释，配制成 10^{-4}，10^{-5}，10^{-6} 三个稀释度的菌悬液。

(2) 分别吸取 0.1 mL 不同稀释度的菌液至石油硅胶平板上，用涂布棒将菌悬液均匀涂布在平板上。盖上皿盖，倒置于 20 ℃恒温培养箱中培养。一周后在含有制霉素的石油硅胶平板上分离出降解石油的细菌；两周后，在含有四环素和链霉素石油硅胶平板上分离出降解石油的真菌。

(3) 遵循无菌操作方法，用接种环分别挑取平板上的单菌落少许，在相应的新鲜石油硅胶平板上划线，于 20 ℃恒温培养箱中继续培养，重复数次，直至获得纯培养物。

4. 转接

在无菌操作环境下，将分离纯化得到的石油降解菌接种至相应的石油硅胶培养基斜面上进行保存。

5. 石油降解菌活性测定

(1) 在无菌操作条件下，用灭菌的接种环将斜面上的石油降解菌的纯培养物接种至 50 mL 石油盐培养基中。另取装有 50 mL 石油盐培养基的锥形瓶，不接入菌种，以此作为对照。将上述培养基在 20 ℃、200 r/min 的条件下培养一周时间。取经培养后的培养液 5.0 mL，在 10 000 r/min 转速下离心 10 min 后，用 0.2 μm 的微孔滤膜过滤上清液。

(2) 向 7 个 50 mL 容量瓶中分别加入标准油使用溶液 0.0 mL，2.0 mL，4.0 mL，8.0 mL，12.0 mL，20.0 mL，25.0 mL，用石油醚定容至刻度线。用石英比色皿在 225 nm 处，以石油醚作为参比，测定各个溶液的吸光度。每种溶液测定三次，记录吸光值，并绘制吸光度对标准油含量的标准曲线。

(3) 准确量取经离心和过滤后的上清液的体积，将其转移至 1 000 mL

分液漏斗中，向其中加入 5 mL 1+1 硫酸和相当于滤液量 2% 的氯化钠，然后加入 20 mL 石油醚，充分摇匀，静置后使其分液漏斗内的液体分层，将水层倒入烧杯。让石油醚萃取液通过铺有无水硫酸钠的砂芯漏斗进行过滤，用 50 mL 容量瓶接取滤液。然后把水层重新倒入分液漏斗中，再用 20 mL 石油醚萃取，将萃取液过滤后接至上述容量瓶中。接着用 10 mL 石油醚洗涤分液漏斗，洗涤液也转移至上述装有滤液的容量瓶中，最后用石油醚定容至刻度线。

(4) 用石英比色皿在 225 nm 处，以石油醚作为参比，测定处理后滤液的吸光度。并取与滤液同体积的水，按照处理滤液的步骤操作后，测量其吸光度，以此为空白对照。用处理后滤液的吸光度减去空白对照的吸光度，从标准曲线上查得油含量。

(5) 计算油含量

油含量(mg/L)＝标准曲线上查得的油含量/滤液体积×1 000

(6) 计算石油降解率

石油降解率＝(接种瓶培养前石油含量－接种瓶培养后石油含量)/接种瓶培养前石油含量×100%－(未接种瓶培养前石油含量－未接种瓶培养后石油含量)/未接种瓶培养前石油含量×100%

五、实验结果

(1) 将制备标准曲线过程中各个标准溶液的吸光值记录下来，并用 Excel 绘制标准曲线，并在标准曲线上标注处理后滤液的吸光值。

(2) 根据油含量，计算石油降解菌的降解率。

(3) 记录纯化后不同的石油降解菌的菌落特征。

六、注意事项

使用分光光度计测定不同溶液的吸光度时，由于在 225 nm 波长处，即紫外光波长范围内进行比色，必须使用石英比色皿，使用玻璃或其他材质的比色皿会干扰吸光度的测定结果，从而影响最终的实验结果。

七、思考题

(1) 简述石油降解菌分离纯化和降解活性测定的重要意义。

(2) 分析实验过程中遇到的问题,并找出相应的解决方法。

实验十九 活性污泥微生物的观察分析

一、实验目的

(1) 了解活性污泥(或者生物膜)中微生物的分布及其生长状况。

(2) 学习并掌握活性污泥(或者生物膜)中微生物的镜检方法,并以此推断污水处理情况。

二、实验原理

活性污泥(或者生物膜)是用生物法处理污水的主体。污泥的活性与其中微生物的生长代谢和繁殖情况息息相关。微生物的生长状况可以直接反映污水处理的效果。

活性污泥(或者生物膜)中的微生物较为复杂,这些微生物是不同微生物的混合体,主要包括细菌和原生动物,也有真菌和后生动物。当环境条件或水质条件发生改变时,活性污泥(或者生物膜)中微生物的数量和生长形态也会随之改变。如果游泳型或固着型纤毛类原生在数量上占优势,则表明污水处理系统正常运转;后生动物数量较多则表明污泥开始老化;丝状菌大量出现,则表示污泥膨胀。因此,通过观察活性污泥中微生物的状况判定污水处理情况,利于及时发现异常情况并采取有效措施。

三、实验材料

(1) 样品:污水处理后活性污泥、生物膜样品。

(2) 仪器:显微镜、目镜测微尺、镜台测微尺、微型动物计数板。

(3) 试剂:石炭酸复红染色液、香柏油、二甲苯等。

(4) 用具:载玻片、盖玻片、擦镜纸、酒精灯、接种环、滴管、吸水纸。

四、实验步骤

(一)制片

(1) 用滴管取曝气池中活性污泥混合液一滴,置于洁净载玻片的中央。

如果活性污泥较少，静置，从底部沉淀中取活性污泥放在载玻片上。如果活性污泥较多，应加水进行适当稀释。用生物膜制片时，用镊子从填料上刮取小块生物膜，适当稀释后形成菌液，其余操作同用活性污泥制片时的步骤。

(2) 盖上盖玻片，用镊子夹住盖玻片的一端，让其一端先接触载玻片上活性污泥的液滴，然后再轻轻放下盖住液滴，避免产生气泡，制成活性污泥的样片标本。

(3) 观察活性污泥中丝状细菌的具体结构特征，要在油镜下观察其染色标本。用滴管取曝气池中活性污泥混合液一滴，置于洁净载玻片的中央，自然晾干，固定，滴加石炭酸复红染色液染色，1 min 后水洗，用吸水纸吸去玻片上残余水分。

（二）镜检

低倍镜下观察活性污泥的结构松紧度、污泥絮粒大小、菌胶团和丝状细菌的分布和生长状况、微型动物的形态、种类及其活动情况。高倍镜下观察菌胶团和絮粒之间的关系、菌胶团中细菌和丝状细菌的形态、微型生物动物的外部和内部结构。用油镜观察丝状细菌是否存在衣鞘和假分支、菌体在衣鞘中的排列、菌体内是否存在贮藏物质等。

1. 污泥絮粒形状和结构分析

在低倍镜或高倍镜视野下，观察污泥絮粒的形状和结构。圆形或近似圆形的絮粒，菌胶团致密排列，说明沉降性能较好；絮粒边缘与外部悬液界线不清晰、形状不规则，菌胶团排列疏松，说明沉降性能差。此外，絮粒中网状空隙和外部悬液不连通的为封闭结构，空隙和外部悬液连通的为开放结构，其中絮粒中封闭的结构有助于沉降。

2. 污泥絮粒大小测定

在显微镜中安装目镜测微尺，用镜台测微尺校正目镜测微尺后测量絮粒的大小。絮粒的大小可影响污泥起初的沉降速率，污泥絮粒大，沉降快。根据平均直径可以将污泥絮粒分为以下三个等级：

大粒污泥：絮粒平均直径＞500 μm。

中粒污泥：絮粒平均直径在 150～500 μm。

小粒污泥：絮粒平均直径＜150 μm。

3. 污泥絮粒中丝状菌测定

利用低倍镜、高倍镜和油镜分别观察污泥絮粒中的丝状细菌。丝状细菌数量影响污泥沉降性能，根据活性污泥中丝状细菌和菌胶团之间的比例关系，把丝状细菌分为以下五个等级：

0 级：絮粒中几乎看不到丝状细菌。

±级：絮粒中有少量的丝状细菌存在。

＋级：絮粒中存在一定数量的丝状细菌，但其总量少于菌胶团细菌。

＋＋级：絮粒中存在大量的丝状细菌，总量与菌胶团细菌大致相等。

＋＋＋级：絮粒以丝状细菌为骨架，总量超过菌胶团细菌。

4. 计数微型动物

(1) 用滴管取曝气池中活性污泥放在烧杯中，用水稀释后充分混匀。用洁净滴管(预先测定滴管中滴下的一滴水的体积，一般选用一滴水体积为 0.05 mL 的滴管进行操作)吸取稀释后的悬液滴在微型动物计数板上的方格内，盖上洁净的大号盖玻片，让其四周位于计数板四周凸起的边框上(图 3-2)。

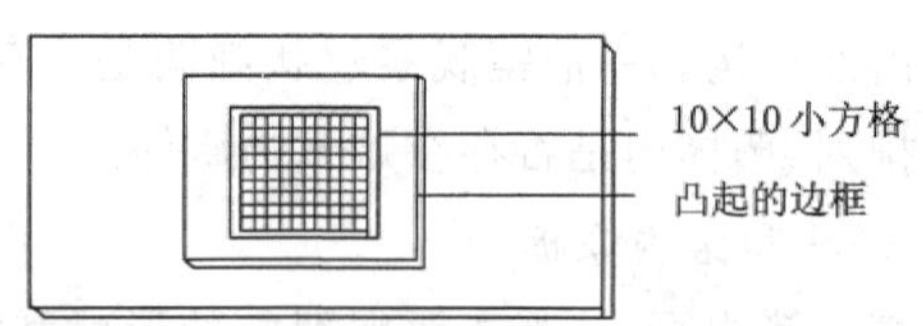

图 3-2 微型动物计数板

(2) 在低倍镜下计数，微型动物计数板上的悬液不一定布满其 100 个小方格，计数时只要逐个计数有活性污泥悬液的方格即可。如果观察到群体，要把群体中的微型动物逐个计数。

(3) 计算活性污泥悬液中的微型动物个数。例如在 1 滴稀释 10 倍的悬液中，测得钟虫 30 只，每毫升悬液中钟虫的个数即为：$30\times20\times10=6\ 000$(只)。

五、实验结果

(1) 将实验过程中观察到的实验结果记录于表 3-7 中。

表 3-7 实验结果记录表

观察项目	特　征	观察结果
絮粒形态	圆形、不规则	
絮粒结构	开放结构、封闭结构；疏松、紧密	
絮粒大小	大、中、小	
丝状细菌数量	0 级、±级、+级、++级、+++级	
微型动物	数量、种类和分布状况	

(2) 根据絮粒直径估算三个等级的絮粒之间所占的比例以及观察活性污泥中丝状细菌的等级，评判活性污泥的沉降性能和污水处理状况。

六、注意事项

(1) 在镜检之前，要先用水稀释活性污泥，使絮粒充分分散开，便于观察。

(2) 在丝状细菌数量观察的过程中，要观察并记录其相对于菌胶团的比例，方便进行分级判断。

七、思考题

(1) 为什么活性污泥中的生物相可以用于评价污水处理效果？

(2) 根据实验结果，综合评价活性污泥的质量和废水处理情况。

第四章　环境微生物学分子生物学实验技术

微生物由于具有生长繁殖快、培养简便、种类繁多、性状多样、易于操作等优点，因此常用作微生物研究领域中的模式生物。研究微生物让人们对生命活动有进一步了解的同时，还促进了分子生物学、基因组学、遗传学、合成生物学等多种学科的发展。多种学科的进步也推动了微生物实验技术和理论的进一步发展。

实验二十　细菌总 DNA 的制备

一、实验目的

(1) 了解 CTAB 法提取 DNA 的原理。

(2) 掌握 CTAB 法提取细菌总 DNA 的具体方法。

二、实验原理

生物体内的 DNA 在细胞内是以与蛋白质结合形成复合物的形式存在的。因此先提取脱氧核糖核蛋白复合物后，要把其中的蛋白质除去。溴代十六烷基三甲胺(CTAB)是一种去污剂，可裂解细胞膜，然后与核酸形成复合物，该复合物可以在高盐溶液中溶解并稳定存在。如果盐浓度降低，CTAB 与核酸形成的复合物会沉淀析出，而大部分蛋白质和多糖则溶解于溶液中。

三、实验材料

(1) 菌种:大肠埃希氏菌(*Escherichia coli*)。

(2) 培养基:LB培养基(氯化钠10 g、蛋白胨10 g、酵母粉5 g,溶解后加蒸馏水至1 000 mL,高压蒸汽灭菌121 ℃,维持20 min)。

(3) 试剂:TE缓冲液(10 mmol/L Tris-HCl、0.1 mmol/L EDTA、pH 8.0)、20 mg/mL蛋白酶K、CTAB/NaCl溶液(5 g CTAB溶解于100 mL 0.5 mol/L NaCl,加热至65 ℃溶解,然后在室温下保存)、酚/氯仿/异戊醇(质量比25:24:1)、异丙醇、10%十二烷基磺酸钠即SDS、70%乙醇、0.8%琼脂糖、核酸上样缓冲液、DNA Marker(DNA分子量标准物)。

(4) 器具:水浴锅、摇床、离心机、超净工作台、电泳仪、紫外成像仪、1.5 mL离心管、锥形瓶等。

四、实验步骤

(1) 在超净工作台中进行操作。从培养大肠埃希氏菌的平板上挑取单菌落接种至装有3 mL LB培养基的锥形瓶中,盖上瓶塞,在37 ℃摇床中振荡培养过夜。

(2) 取1.5 mL培养液于离心管中,在12 000 r/min离心2 min。

(3) 倾去上清液,在沉淀物中加入567 μL TE缓冲液,用移液枪反复吹打使之混合均匀,然后加入10%十二烷基磺酸钠即SDS 30 μL和20 mg/mL蛋白酶K 3 μL,混匀后在37 ℃下温育1 h。

(4) 加入5 mol/L NaCl 100 μL混合均匀,然后加入CTAB/NaCl溶液80 μL混匀,在65 ℃下温育10 min。

(5) 加入与上述溶液等体积的酚/氯仿/异戊醇溶液,充分混匀,在8 000 r/min下离心4~5 min。将上清液转移至新的离心管中,加入0.6~0.8倍体积的异丙醇,轻轻混合,直至DNA白色沉淀出现,沉淀可稍加离心弃去上清液。

(6) 将上述沉淀用1 mL 70%乙醇洗涤两次,在8 000 r/min下离心1 min,除去乙醇,让DNA在超净工作台中稍加干燥,重新溶于20 μL含有25 ng/mL RNaseA的TE缓冲液中,准备进行电泳检验。

(7) 配制 0.8%琼脂糖凝胶,移取 3 μL 总 DNA 提取样品上样进行电泳检测,可以用 DNA Marker 判断 DNA 分子量的大小。样品在 −20 ℃下保存。

五、实验结果

用紫外成像仪拍摄 DNA 电泳的图像,将其附在实验报告中,并观察记录 DNA 片段大小和降解程度。

六、注意事项

(1) 培养物离心后的操作都要动作轻柔,减少 DNA 的损伤。

(2) 离心后,倾去上清液时要防止 DNA 样品流失。

(3) 用 70%乙醇洗涤时,将移液枪的枪头紧靠管壁,缓缓加入,防止因液体飞溅造成 DNA 样品损失。

七、思考题

(1) 影响细菌总 DNA 提取的因素有哪些?

(2) 整个操作过程的关键步骤是什么? 如何控制?

(3) 简述提取的细菌总 DNA 发生降解的原因。

实验二十一　真菌总 DNA 的制备

一、实验目的

(1) 学习真菌 DNA 的提取原理。

(2) 掌握酵母菌和霉菌 DNA 提取的具体方法。

二、实验原理

酵母是一类单细胞低等球状真菌,培养条件简单、易生长、遗传背景清楚,是一种常见的模式生物。霉菌为丝状真菌,能在营养基质上形成绒毛状、网状或絮状菌丝体。其营养体除少数低等类型为单细胞外,大多是由纤细管状菌丝构成的菌丝体。低等真菌的菌丝无隔膜，高等真菌的菌丝都有隔膜，前者称为无隔菌丝，后者称有隔菌丝。在多数真菌的细胞壁中最具特征性的是含有甲壳质，其次是纤维素。

真菌基因组的提取主要包括破壁和核酸抽提。由于真菌细胞壁比较坚韧，因此提取酵母基因组 DNA 的关键在于使菌体内核酸释放出来。蜗牛酶能够使酵母细胞破壁溶解，然后加入十二烷基磺酸钠(SDS)等离子型表面活性剂，溶解细胞膜和核膜蛋白，使细胞膜和核膜破裂。再加入酚和氯仿等表面活性剂，使蛋白变性。最后加入无水乙醇沉淀 DNA，沉淀的 DNA 即为真菌总 DNA，溶于 TE 溶液中保存备用。

三、实验材料

(1) 菌种：裂殖酵母(*Schizosaccharomyces POMBE*)、曲霉(*Aspergillus sp*)。

(2) 培养基：YPD 培养基(1%酵母膏、2%蛋白胨、2%葡萄糖。注：葡萄糖溶液灭菌后加入)。

(3) 试剂：酵母提取物、蛋白胨、葡萄糖、液氮、裂解液 1 mL(20 μL Triton X-100，100 μL 10 g/100 mL SDS，100 μL 1 mol/L NaCl，10 μL 1 mol/L Tris，2 μL 0.5 mol/L EDTA，用灭菌水补足，过滤除菌)、100 mg/mL 的蜗牛酶溶液(蜗牛酶 0.1 g，加入 1 mL 的 PBS 溶液溶解，过滤除菌后保存)、TE 缓冲液(10 mmol/L Tris-HCl、0.1 mmol/L EDTA、pH 值为 8.0)、CTAB/NaCl 溶液(5 g CTAB 溶解于 100 mL 0.5 mol/L NaCl，加热至 65 ℃溶解，室温保存)、异丙醇、氯仿-异戊醇、乙醇、DNA marker、核酸核糖酶(RNaseA)、琼脂糖。

(4) 器具：水浴锅、摇床、研钵、研杵、离心机、超净工作台、电泳仪、Eppendorf 管、1.5 mL 离心管、锥形瓶、电泳槽、电泳仪、紫外成像仪等。

四、实验步骤

1. 酵母菌 DNA 的制备

(1) 将酵母接种到 YPD 培养基中于 30 ℃过夜培养 16～18 h。

(2) 离心收集 1.5 mL，用灭菌水洗涤两次，加入 600 μL 裂解液，35 μL

蜗牛酶,37 ℃消化过夜。

(3) 加入饱和酚 450 μL,氯仿-异戊醇(体积比 24∶1)150 μL,轻轻颠倒混匀使溶液成为乳状,并保持 10 min,3 000 r/min 离心 10 min。

(4) 吸取上清液,用氯仿-异戊醇(体积比 24∶1)450 μL 再抽提 1 次,10 000 r/min 离心 5 min。

(5) 取上清加入异丙醇 800 μL,－20 ℃静置 30 min;10 000 r/min 离心 5 min。

(6) 沉淀物用 70%乙醇洗两次,自然干燥后溶于 30 μL TE 缓冲液。

(7) 加入 0.5 μL 10 mg/mL 的 RNaseA,37 ℃温浴 30 min,自然冷却后保存。

(8) 配制 0.8%琼脂糖凝胶,移取 3 μL 总 DNA 提取样品上样进行电泳检测,可以用 Marker 判断 DNA 分子量的大小。样品在－20 ℃下保存。

2. 霉菌 DNA 的制备

(1) 取菌丝 50 mg,加入液氮研磨成粉末后,移入 1.5 mL Eppendorf 管中,同时加入 700 μL 预热到 65 ℃的 2×CTAB 提取液(2% CTAB,100 mmol/L Tris-HCl pH 值为 8.0、20 mol/L EDTA、1.4 mol/L NaCl,0.2% β-巯基乙醇,pH 值为 8.0)。

(2) 将 Eppendorf 管置于 65 ℃水浴中保温 60 min,期间每隔 10 min 温和摇动一次,使样品充分裂解。

(3) 取出 Eppendorf 管,加入等体积的氯仿-异戊醇(24∶1,*V/V*),充分混匀,室温 11 000 r/min 离心 15 min。

(4) 取上清液移入新的离心管中,加入等体积的氯仿-异戊醇(24∶1,*V/V*)提取上清液数次,直至看不清界面。

(5) 取上清液移入新离心管中,加入 2/3 体积－20 ℃预冷的异丙醇,1/3 体积的 3 mol/L NaAc(pH 5.2),轻轻摇动 5 min,于－20 ℃过夜。

(6) 取出后 12 000 r/min 离心 20 min。

(7) 用－20 ℃预冷 70%乙醇洗涤 DNA,12 000 r/mim 离心 10 min。重复 2 次。

(8) 室温干燥后加入 50 μL ddH_2O,轻轻敲打使沉淀溶解,加入 10 μL 1 mg/mL RNA 酶,37 ℃保温 1 h,观察 DNA 白色絮状物是否溶解,溶解后置于－20 ℃保存。

(9) 取 5 μL DNA 溶液进行琼脂糖凝胶电泳(0.8%，100 V，50 min 左右)，紫外凝胶成像仪上观察拍照。

五、实验结果

用紫外成像仪拍摄 DNA 电泳的图像，将其附在实验报告中，并观察记录 DNA 片段大小。

六、注意事项

(1) 液氮研磨时防止冻伤。
(2) 细胞裂解后的后续操作应尽量轻柔。
(3) 所有试剂用无菌水配制，耗材经高温灭菌。
(4) 洗涤时，最好用枪头将洗涤液吸出，勿倾倒。

七、思考题

(1) 操作过程中 DNA 丢失的原因可能有哪些?
(2) 酵母菌和霉菌细胞结构上有何共同点和区别?
(3) 沉淀 DNA 时为什么要用无水乙醇?

实验二十二　微生物总 DNA 的 PCR 扩增

一、实验目的

(1) 学习并掌握 PCR 扩增基因片段的基本原理。
(2) 掌握微生物总 DNA PCR 扩增的基本操作步骤。

二、实验原理

PCR 即聚合酶链式反应，是一种选择性体外扩增特定 DNA 片段的现代分子生物学基本技术。其主要包括三个步骤：首先，在 95 ℃高温下让双链 DNA 解链，分离出模板链(变性)；然后在 55 ℃下，引物与模板链以碱基互补配对结合(复性);最后,在 72 ℃下通过 DNA 聚合酶作用,以单链 DNA 为模板,利用 4 种脱氧核苷三磷酸(dNTPs)从引物结合处开始按 5′→3′方向合成新的与模板链互补的子链 DNA(延伸)。聚合酶链式反应示意图见图 4-1。PCR 技术可以在短时间内大量扩增目的基因,且灵敏度高、操作简便,可以用于基因克隆、分离、表达调控及多态性的分析。

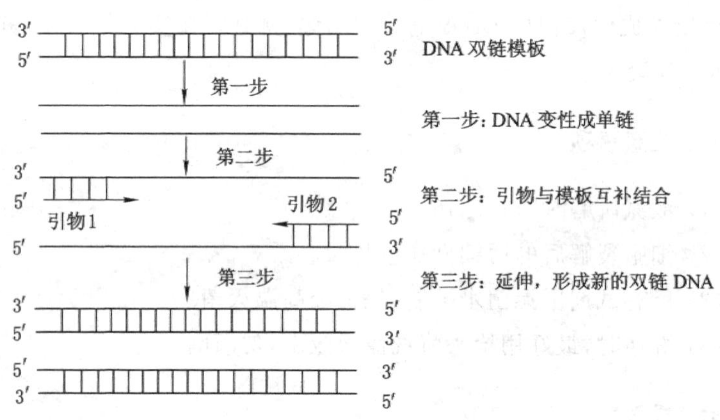

图 4-1 聚合酶链式反应步骤

三、实验材料

(1) 样品:实验二十中提取的细菌总 DNA。

(2) 试剂:20 mmol/L 4 种 dNTP 混合液(pH 8.0)、10×PCR 扩增缓冲液、25 mmol/L $MgCl_2$、TaqDNA 聚合酶、模板(将实验一中提取的细菌总 DNA 用无菌水稀释 10 倍作为模板)、20 μmol/L 正向引物、20 μmol/L 反向引物、灭菌去离子水(ddH_2O)、1%琼脂糖、核酸上样缓冲液、DNA Marker(DNA 分子量标准物)。

(3) 器具:PCR 仪、电泳仪、离心机、超净工作台、电泳仪、凝胶成像分析系统、移液枪和无菌枪头、无菌 PCR 管、回收试剂盒。

四、实验步骤

(1) 在超净工作台中操作。向无菌 PCR 离心管中依次加入下列组分:

10×PCR 扩增缓冲液　　　　5 μL

20 mmol/L 4 种 dNTP 混合液　1 μL
25 mmol/L $MgCl_2$　5 μL
20 μmol/L 正向引物　0.5 μL
20 μmol/L 反向引物　0.5 μL
TaqDNA 聚合酶　0.5 μL
ddH_2O　37 μL
模板　0.5 μL

(2) 用移液枪充分混匀上述混合液，避免产生气泡。

(3) 按表 4-1 所示程序进行 PCR 扩增。

表 4-1　PCR 扩增程序

步骤	温度	持续时间	循环次数
1	95 ℃	5 min	1
2	95 ℃	30 s	30
	55 ℃	30 s	
	72 ℃	1 min	
3	72 ℃	10 min	1

循环结束后，将反应产物置于 4 ℃保存。

(4) 配制 1%琼脂糖凝胶，取 3 μL PCR 产物进行电泳检测，上样时加入 DNA Marker 可以判断 PCR 扩增产物的分子量大小。

五、实验结果

用紫外成像仪拍摄 DNA 电泳的图像，将其附在实验报告中，并观察记录 PCR 产物即 DNA 片段的大小。

六、注意事项

(1) 根据实验中使用的模板引物设计复性温度。

(2) 在 PCR 反应体系中，先加入 dNTP 混合液再加入 TaqDNA 聚合酶，防止外切酶活性较强破坏引物。

(3) 在超净工作台中操作，防止污染。

(4) 移液枪的枪头盒、离心管要在实验前进行灭菌备用。

七、思考题

(1) 扩增细菌总 DNA 的目的是什么?

(2) 根据实验体会,总结影响 PCR 扩增的因素。

实验二十三　DGGE 分析微生物多样性

一、实验目的

(1) 理解 DGGE 的定义和基本原理。

(2) 学习并掌握 DGGE 的操作方法和结果分析。

二、实验原理

DGGE 即变性梯度凝胶电泳技术,利用聚丙烯酰胺凝胶中变性剂浓度梯度的不同,将序列不同的 DNA 分开。从环境中取样提取其 16S rDNA 后,并对 16S rDNA 进行 PCR 扩增,得到碱基长度相同的 16S rDNA。利用 DGGE 技术可分离 DNA 扩增产物,其原理是根据 DNA 的解链特性,不同碱基组成的 DNA 双链发生变性需要的变性剂浓度不同。在聚丙烯酰胺凝胶中添加变性剂,使其浓度呈线性梯度增加。电泳时,当不同序列的双链 DNA 泳动到其变性所需变性剂浓度的凝胶位置时,相应的双链 DNA 解链变性,电泳迁移速率降低,导致泳动的 DNA 分子在凝胶中的停留位置不同,从而分离不同序列 DNA 分子。电泳条带的位置和多寡可用于初步分析样品中微生物的多样性。

三、实验材料

1. 实验样品

水体微生物总 DNA 的 16S rDNA 的 PCR 扩增产物。

2. 试剂

(1) DNA DGGE 电泳需要的试剂:尿素、去离子甲酰胺、丙烯酰胺、甲叉丙烯酰胺、TEMED、过硫酸铵、1×TAE 缓冲液、上样缓冲液(含 0.08%溴酚蓝、乙醚/乙醇(1∶1)溶液、30%甘油)。

(2) 凝胶染色需要的试剂:1%硝酸、10%甘油、50%乙醇、固定液(40%乙醇和 10%冰醋酸混合物)、染色液(含 0.2%硝酸银和 500 μL 甲醛)、显影液(含 2.5%无水碳酸钠和 250 μL 甲醛)、终止液(0.5 mol/L EDTA-Na_2)。

四、实验步骤

(一) 水体微生物总 DNA 的 16S rDNA 的 PCR 扩增

采集水样如河水、江水、湖水等水体的水样,4 000 r/min 离心 20 min,再用 12 000 r/min 离心 10 min,收集微生物沉淀。采用 CTAB 法提取微生物总 DNA,用 0.8%的琼脂糖凝胶检测总 DNA。然后采用细菌的通用引物扩增微生物中 16S rDNA 基因 V3 区,用 1%琼脂糖凝胶对 PCR 产物进行电泳检测(具体步骤参照本章实验二十和实验二十二)。

(二) DGGE

1. 制备变性梯度凝胶

利用梯度胶制备装置,制备变性剂浓度范围为 42%～60%(100%变性剂为 7 mol/L 尿素和 40%去离子甲酰胺的混合物)和变性剂为 10%聚丙烯酰胺胶(丙烯酰胺/双丙烯酰胺 37.5∶1),变性剂浓度从胶的上方向下方依次递增。凝胶中 TEMED 浓度为 0.15%(体积比),过硫酸铵的浓度为 0.03%(W/V)。

2. 上样

变性梯度凝胶凝固后,将胶板放在装有 1×TAE 缓冲液的装置中,用移液枪将含有 50%上样缓冲液的 PCR 产物 20 μL 加入每个加样孔中。

3. 电泳

在 220 V 电压下预电泳 10 min,调电压至 200 V,在 60 ℃下对 PCR 产物电泳 5 h。

(三) 凝胶染色

采用银染色法对凝胶染色,具体步骤如下:

(1) 电泳结束后,将胶板取出放在固定液中固定,20 min 后,取出胶板,并用 1%硝酸溶液浸泡 10 min。

(2) 从硝酸溶液中取出胶板,然后用去离子水清洗胶板 3 次,每次数分钟,以除去胶板上的硝酸。

(3) 将上述处理后的胶板在染色液中浸泡 20 min。

(4) 从染色液中取出胶板,用去离子水清洗 10 s,随即放入显影液中,轻轻摇晃直至条带全部出现。

(5) 从显影液中取出胶板,放在终止液中浸泡 10 min。

(6) 从终止液中取出胶板,然后用去离子水浸泡清洗胶板 3 次,每次 10 min,除去胶板上的终止液。

(四) 染色结果分析

用图形分析软件 Quantity One 对凝胶上显现的 DNA 图谱进行分析。用 Shannon-Wiener 多样性指数(Shannon-Wiener diversity index, H')、基因型丰富度(Genotypic richness, S)和 Pielou 均匀度指数(Pielou evenness index, J)等指标来观察并初步判定样品之间微生物的多样性程度。计算公式如下:

$$H' = -\sum P_i \ln P_i$$

$$J = H'/H_{max} = H/\ln S$$

式中,$P_i = n_i/N$,n_i是第 i 条条带的灰度,N 为样品中所有条带的总灰度;$H_{max} = \ln S$,S 为样品中总的条带数。

采用 MVSP 软件的非加权组算术平均法(Un-weighted pair-group method with arithmetic means, UP-GMA)分析比较不同来源的水体中微生物群落结构的差异和相似程度。如果想进一步了解每一条 DNA 条带的序列,可以将 DGGE 条带切割后回收,送到相应公司进行测序,将所测得序列在基因库中进行比对。

五、实验结果

将 DGGE 胶板上显示的条带拍摄下来,并根据相应软件的计算结果,分析水样中微生物的多样性。

六、注意事项

(1) 将变性梯度凝胶胶板放入 1×TAE 缓冲液时,要注意装置的正负极。

(2) 电泳时，进行预电泳一段时间，当样品完全进入胶板后，再调节电压。

(3) 尽量在同一胶板上点样，便于观察比较，减小实验误差，且胶板上要有 DNA Marker。

七、思考题

(1) 简述 DGGE 技术分离 DNA 的原理。

(2) DGGE 分析微生物多样性的优势和劣势是什么？

(3) 根据实验体会，总结减少实验误差的方法。

实验二十四　蓝白斑筛选技术

一、实验目的

(1) 理解蓝白斑筛选的基本原理及其在基因克隆方面的应用。

(2) 掌握蓝白斑筛选的操作流程。

二、实验原理

质粒可用于克隆较小的 DNA 片段。用限制性内切酶切割质粒 DNA 和目的 DNA 片段，体外重组后，再将其转化至细菌体内。实际工作中，还要采取一定方法区分带有外源基因的质粒和未带有外源基因、自身环化的质粒。

将带有 T 黏性末端的线性载体质粒 pMD19-T 与带有线性片段的 PCR 产物连接，转化至 *E. coli* DH5α 菌株内。pMD19-T 质粒上带有 amp^r(氨苄青霉素抗性基因)和 lacZ 基因(β-半乳糖苷酶基因)的调控序列以及 β-半乳糖苷酶 N 端编码序列，*E. coli* DH5α 菌株带有 β-半乳糖苷酶 C 端基因部分序列编码信息。如果 pMD19-T 和 *E. coli* DH5α 菌株单独存在，它们各自产生的 β-半乳糖苷酶片段都无酶活性；如果把 pMD19-T 转入 *E. coli* DH5α 菌株内，则形成具有酶活性的蛋白质，这种现象叫 α-互补现象。由此

现象产生的 Lac^+ 菌落在生色底物 X-gal 存在时，被 IPTG（异丙基硫代-β-D-半乳糖苷）诱导呈现蓝色，从而易被识别；当外源基因插入至 pMD19-T 质粒会破坏 β-半乳糖苷酶 N 端编码序列，此情况下表达出无 α-互补能力的氨基酸片段，因此，重组质粒经 *E. coli* DH5α 菌转化后形成白色菌落。因此，利用 α-互补现象可以筛选重组子，区分重组质粒和自身环化的载体质粒。此外，由于 pMD19-T 质粒上带有 amp^r（氨苄青霉素抗性基因），利用 Amp 抗性，可以区别含有质粒的转化子和不含质粒的转化子。

三、实验材料

（1）载体质粒：pMD19-T 质粒。

（2）受体菌株：*E. coli* DH5α 感受态菌株。

（3）外源基因：由本章实验二十二制备的 PCR 产物。

（4）培养基：

① LB 培养基：氯化钠 10 g、蛋白胨 10 g、酵母粉 5 g、15 g 琼脂（制作培养液则不需要加入琼脂），溶解后加蒸馏水至 1 000 mL，高压蒸汽灭菌 121 ℃，维持 20 min。

② 含 X-gal 和 IPTG 培养基：在含有 50 μg/mL 氨苄青霉素的 LB 培养基平板上加入 X-gal 储液 40 μL 和 IPTG 储液 7 μL，用无菌涂布棒均匀涂布至整个平板表面，在 37 ℃放置，让平板表面液体被完全吸收。

（5）试剂：连接反应试剂盒、20 mg/mL X-gal 储液（避光，－20 ℃储存）、200 mg/mL IPTG 储液（0.22 μm 滤膜过滤除菌，分装于离心管，－20 ℃储存）。

（6）器具：超净工作台、摇床、恒温培养箱、水浴锅、离心机、电泳仪、移液枪及其无菌枪头、1.5 mL 离心管、涂布棒、无菌培养皿等。

四、实验步骤

1. 外源基因连接

0.1 μg 质粒 DNA 和等物质的量的外源 DNA 加入无菌离心管中，然后加入蒸馏水至 8 μL，再加入 1 μL 10×T4 DNA 连接酶缓冲液和 T4 DNA 连接酶 0.5 μL，混匀后，用离心机将液体甩至离心管底部，在 16 ℃下保温 8～24 h。做两组对照实验，对照实验 1 是无外源 DNA，只有载体；对照实验 2 是只有外源 DNA，无质粒载体。

2. 质粒转化

在 100 μL 感受态细胞液中加入 2 μL 连接反应混合物，进行冰浴 30 min、42 ℃水浴 90 s，快速取出后再冰浴 5 min。向每管加入 900 μL LB 培养液，在 37 ℃下振摇复苏 30 min。

3. 重组质粒筛选

分别从每组连接反应产物转化液中取出 100 μL 加入到含 X-gal 和 IPTG 的培养基平板上，用无菌涂布棒将转化液涂布均匀后，将平板放在 37 ℃恒温培养箱中培养 30 min 左右，直至转化液被全部吸收。将平板倒置于 37 ℃恒温培养箱中，培养 12～16 h。当平板上出现未重叠的明显菌落时，停止培养，并将平板放在 4 ℃条件下，直至完全显色。

不含质粒的细菌细胞，因不具有 Amp 抗性，不能在含 Amp 的平板上存活；含有质粒的转化子具有 β-半乳糖苷酶活性，因此在含 X-gal 和 IPTG 平板上呈现蓝色菌落；含有重组质粒的转化子无 β-半乳糖苷酶活性，因此在含 X-gal 和 IPTG 平板上呈现白色菌落。

五、实验结果

观察含 X-gal 和 IPTG 的筛选平板上菌落的颜色，判断不含质粒的细菌、含有质粒的转化子和含有重组质粒的转化子。

六、注意事项

(1) 实验过程中，如果将平板在 37 ℃恒温培养箱中培养后，再放入冰箱 4 h 左右，平板可以充分显色。

(2) 蓝色物质产生的原因是由于 X-gal 被半乳糖苷酶水解生成蓝色吲哚衍生物，IPTG 不是生理性诱导，但它可以诱导 β-半乳糖苷酶基因的表达。

七、思考题

(1) α-互补现象是什么？

(2) 简述载体质粒 pMD19-T 的特点和用途。

(3) 利用质粒载体克隆外源基因片段时存在哪些影响因素?

实验二十五 限制性片段长度多态性(RFLP)分析

分子标记是建立在分子水平上的遗传标记,具有可遗传性和可识别性。DNA 分子标记通常是一些小分子量的 DNA 片段,这些小分子片段一般存在于真核生物的基因组内,可通过一定的方法和技术对其进行检测。DNA 分子标记的种类有很多,常用的有 RFLP(限制性片段长度多态性分析)、RAPD(随机引物扩增多态性 DNA)、AFLP(扩增片段长度多态性分析)等。

一、实验目的

(1) 理解限制性片段长度多态性分析的原理。

(2) 学习并掌握限制性片段长度多态性分析的主要流程。

二、实验原理

DNA 限制性片段长度多态性分析是 Bostein 首先提出的一种分子遗传标记,即生物体基因组结构的独特性及其能被某些限制酶识别的特殊碱基序列特有的分布方式,不依赖于传统培养方法便可进行微生物群落分析。该方法是利用限制性内切酶特性及电泳技术,对特定的 DNA 片段的限制性内切酶产物进行分析,根据片段的大小不同以及标记片段种类和数量的不同,评价环境中微生物的群落结构和多样性。

观察 DNA 限制性片段长度多态性的方法有两种。一种是限制性片段长度分布图像。其原理是某些 DNA 片段能被分离、复制和被限制性酶酶解,限制酶切产物与 DNA Marker 一同在含有溴化乙啶的琼脂糖凝胶上电泳,在紫外灯下观察。另一种方法是限制酶切产物与探针杂交的放射自显影,尤其适用于有限拷贝 DNA 的分析。其原理是限制酶切割方式通过探针与特异性碱基序列结合,用放射自显影或免疫荧光观察。RFLP 提供的关于不同类群生物的区别和联系程度的信息是一种定性信息,RFLP 的优点是不需要进行放射性标记的探针杂交即可观察到实验结果。

三、实验材料

(1) 试剂：待检样品 DNA、限制性内切酶、RNase、反应缓冲液、0.8% 琼脂糖凝胶、凝胶上样缓冲液、凝胶染色液。

(2) 仪器：电泳装置、恒温箱、照相装置。

(3) 其他：微量离心管、移液枪及无菌枪头、刻度尺等。

四、实验步骤

(1) 调节所有 DNA 样品浓度为 0.5 mg/mL，用紫外分光光度计或琼脂糖凝胶电泳检测样品的浓度。在反应液中加入 2～5 μL RNase 溶液，避免 RNA 污染。

某些重复序列如 rDNA 广泛存在于不同细胞，常用于作为遗传标记。大片段的 rDNA 及其寡核苷酸类似物常用于检测不同动物和微生物遗传关系，rDNA RFLP 可用琼脂糖凝胶电泳或者聚丙烯凝胶电泳分析。线粒体 DNA 也可进行 RFLP 分析，线粒体基因组一般为 20 kb。存在范围较广的 RFLP，线粒体 DNA 可以用琼脂糖凝胶电泳观察。PCR 产物片段大于 1 kb的也可用 RFLP 进行分析。

(2) 把等体积(8 μL)DNA 样品溶液用移液枪转移至不同的微量离心管内，每条泳道需要 3～6 μL DNA。若 DNA 溶于 TE 中，反应中 DNA 样品体积应小于反应体系总体积的 25%，目的是降低 EDTA 对酶活性的抑制作用。

(3) 进行酶切反应。首先配制反应混合液，将 2.5 体积的 10× 反应缓冲液、2 体积的 2 U/μL 内切酶溶液和 12.5 体积的水混合均匀，然后对其进行短暂离心。混合液中内切酶含量应低于溶液总体积的 10%，减少甘油对酶活性的影响。

(4) 在含 DNA 样品的微量离心管内加入 17 μL 反应混合液，在适当温度下温育，温育时间根据选择的内切酶而定。

(5) 温育结束后，向每个微量离心管中加入 5 μL 凝胶上样缓冲液，混匀。

(6) 从微量离心管中用移液管取出 5 μL 加到 0.8%琼脂糖凝胶板的孔中进行预电泳。若预电泳效果较好，用移液管取 25 μL 反应混合物加入 0.8%琼脂糖凝胶上，与 DNA Marker 一同在 0.5 V/cm 电压下电泳过夜，直至酚蓝色条带接近凝胶底部。

(7) 电泳结束后，在胶板 DNA Marker 旁放置一把刻度尺，拍照记录电泳结果。

(8) 将 DNA 转移至膜上，用探针进行杂交，利用放射自显影让 DNA 条带显现。如果是质粒 DNA、核糖体 DNA、线粒体 DNA 以及小的 DNA 片段可以省略此步骤。

(9) 根据刻度尺和 DNA Marker，以距离(cm)为横坐标、分子量(kb)为纵坐标作图，当然最好采用计算机软件进行分析。把条带输入图中，测定条带大小。

(10) 计算 DNA 的大小和位置，用于 RFLP 分析和 DNA 样品亲缘性分析。

五、实验结果

拍照记录电泳结果，根据 DNA 的大小和位置进行 RFLP 分析。

六、注意事项

高纯度 DNA 样品是 DNA RFLP 分析的关键性因素，因此需要在 DNA 样品中添加 RNase 溶液，除去 RNA，防止 RNA 污染样品降低样品纯度。

七、思考题

(1) 简述 RFLP 分析技术的原理。

(2) 为什么利用 RFLP 可用于微生物的群落结构和多样性分析？

实验二十六　随机引物扩增多态性DNA(RAPD)分析

一、实验目的

(1) 理解随机引物扩增多态性DNA的原理。
(2) 学习并掌握随机引物扩增多态性DNA的操作方法和应用。

二、实验原理

随机引物扩增多态性DNA(random amplified polymorphic DNA)标记技术是通过分析DNA经PCR扩增的多态性来判断生物体内基因排布和外在形状的表现规律的技术,它可以对未知序列的基因组进行多态性分析。该技术建立在PCR基础上,使用10个碱基左右的单链随机引物,对全部的DNA进行PCR扩增;模板DNA经热变性后解链,然后在低温下退火;此时单链模板的相应位点与引物结合,在适当温度下进行延伸,形成双链DNA。重复上述过程,获得大小不等的PCR扩增片段,然后检测其多态性。真核基因组中可能存在引物的多个结合位点,但只有在2 000 bp左右内存在反向平行的与引物互补的双链DNA分子,才能将合成的新链作为下一循环的模板。随机引物单独进行PCR,单一引物与反向重复序列相结合,使重复序列扩增。引物结合位DNA序列的改变和两扩增位点之间DNA碱基的插入、缺失、置换可以导致扩增片段长度和数量的改变,经琼脂糖凝胶电泳分离后,用溴化乙啶染色后,筛选出特征性条带,检测DNA片段的多样性。

RAPD可以对整个基因组DNA多态性进行检验,也可用于检测同源和异源等位基因,广泛应用于微生物分类和基因鉴别等方面。之前研究微生物群落主要集中于微生物生理生化方面,而在分子水平上的研究较少。利用分子生物标记技术,可以研究受影响环境中的进化生态效应、微生物群落的结构和多样性。

三、实验材料

(1) 样品:废水处理后水中的污泥。

(2) 试剂：0.2 g/mL 脱脂牛奶、TE 缓冲液、10%十二烷基磺酸钠(SDS)、10 mg/mL RNaseA 溶液、苄基氯、3 mol/L 醋酸钠、异丙醇、2.5 U/mL TaqDNA 聚合酶、10×PCR 扩增缓冲液、10 mmol/L 4 种 dNTP 混合液(pH 8.0)、25 mmol/L $MgCl_2$、10 μmol/L 碱基随机引物、DNA Marker、灭菌去离子水(ddH_2O)、1.2%琼脂糖、6×上样缓冲液(0.05%溴酚蓝、36%甘油、0.05%二甲苯、30 mmol/L EDTA)等。

(3) 器具：PCR 仪、电泳仪、水浴锅、电子天平、凝胶成像系统、振荡器、紫外分光光度计、移液管及无菌枪头、离心管、玻璃珠等。

四、实验步骤

1. 制备环境样品中总 DNA

(1) 向 1.5 mL 的离心管中放入玻璃珠和 0.5 g 活性污泥，然后加入脱脂牛奶 10 μL、TE 缓冲液 250 μL、10%SDS 50 μL、10 mg/mL RNaseA 溶液 50 μL，剧烈振荡 1 min。

(2) 向离心管中加入苄基氯 150 μL，漩涡振荡 2 min，然后在 50 ℃水浴 1 h。

(3) 加入 3 mol/L 醋酸钠 150 μL，漩涡振荡，冰浴 15 min 后，在 15 000 r/min 下离心 10 min。

(4) 倾去上清液转移至另一离心管，加入异丙醇沉淀 DNA。

(5) 待 DNA 干燥后，加入适量 TE 缓冲液将其溶解，紫外分光光度计检测 DNA 纯度，并使模板 DNA 浓度为 50 ng/μL。

2. RAPD 扩增

(1) PCR 扩增体系建立，按表 4-2 所示向反应体系中加入下列物质。

表 4-2　　PCR 扩增体系

成　分	加入量
10×PCR 扩增缓冲液	2.5 μL
10 mmol/L 4 种 dNTP 混合液(pH 8.0)	2 μL
10 μmol/L 碱基随机引物	1 μL
25 mmol/L $MgCl_2$	3 μL

续表 4-2

成　　分	加入量
模板 DNA	1 μL
5 U/mLTaqDNA 聚合酶	0.5 μL
ddH_2O	15 μL
总体积:25 μL	

(2) 将上述反应体系在 PCR 仪中 95 ℃预变性 5 min,然后 94 ℃变性 30 s,36 ℃复性 30 s,72 ℃延伸 1 min,进行 35 次循环。

(3) 循环结束后,在 72 ℃放置 10 min,并在 4 ℃下保存。

(4) 用移液枪吸取 10 μL PCR 产物,与 1 μL 上样缓冲液混合均匀,加到1.2%琼脂糖凝胶上,在 80V 电压下电泳。

(5) 电泳结束后,用溴化乙啶染色 20 min,然后用凝胶成像系统拍照,观察活性污泥中提取的微生物的 DNA 扩增结果。

五、实验结果

利用随机引物扩增多态性 DNA(RAPD)技术分析电泳结果,并将电泳图附在实验报告中。

六、注意事项

RAPD 技术对模板 DNA 纯度要求不高,操作简单,无需克隆探针和同位素,不需要进行分子杂交,通用性强,灵敏度较高,可以分析 DNA 的多态性。但该技术重复性较差,影响因素也较多,如模板浓度、引物序列、PCR 循环次数以及仪器设备等。

七、思考题

(1) 简述 RAPD 技术的原理,并举例说明其应用。

(2) 根据实验体会,分析影响 RAPD 结果的主要因素。

实验二十七　扩增片段长度多态性(AFLP)分析

一、实验目的

(1) 理解扩增片段长度多态性分析的原理。

(2) 掌握扩增片段长度多态性分析的基本方法。

二、实验原理

扩增片段长度多态性(amplified fragment length polymorphism, AFLP)是在限制性片段长度多态性(RFLP)和随机引物扩增多态性DNA(RAPD)基础上发展起来的DNA多态性检测技术。其基本原理是:以PCR扩增为基础,结合RFLP和RAPD分子标记技术,用限制性内切酶切割DNA,在所有限制性片段两端加上特定序列的接头,用与接头互补的且3′端带有随机选择核苷酸的引物进行PCR扩增,扩增产物是与3′端严格配对的片段;然后在高分辨率的序列胶上将扩增产物分开,再用银染色法进行检测。

AFLP技术的关键步骤是内切酶的选择和组合以及引物的设计。

内切酶决定引物的设计、接头的设计、PCR扩增条件的确定以及扩增后DNA片段数目。AFLP一般采用两种不同的限制性内切酶进行双酶切,这样可以使酶切片段大小均匀。其中,一种内切酶是可以识别6个碱基的低频内切酶,常用的有EorRI和PstI。另一种内切酶是可以识别4个碱基的高频内切酶,常用的有MseI和TaqI。分析富含AT的微生物和植物的基因组时,多选用可识别TTAA序列的MseI,而TaqI多用于分析富含GC双碱基序列的动物的基因组。

引物的设计主要取决于接头的设计。引物通常以鸟苷酸残基开头,避免自身二级结构化。设计时遵循随机引物设计原则,防止自身配对,且GC含量要适中。此外,引物末端选择性碱基数一般为1～3个,此范围内AFLP反应有较好的特异性,否则易发生错配。

(1) 接头的合成遵循:核心+部分酶切位点序列的双链DNA。

① PstI 接头设计：

5′-CTCGTAGACTGCGTACATGCA-3′

3′-CATCTGACGCATGT-5′

② MseI 接头设计：

5′-GACGATGAGTCCTGAGT-3′

3′-TACTCAGGACTCAT-5′

(2) 引物设计

① P00-G 预扩增引物设计遵循：接头正链序列＋G，构成核心序列＋酶切位点序列。

P00-G：5′-GACTGCGTACATGCAG-3′

② M00-A 预扩增引物设计遵循：接头负链序列翻转＋A，构成核心序列＋酶切位点序列。

M00-A：5′-GATGAGTCCTGAGTAA-3′

③ 选择性扩增引物：

AFLP 标记的引物组合如表 4-3 所示。扩增时从 P01～P10 和 M01～M10 中分别任意挑选一个进行组合。

表 4-3　　AFLP 选择性引物扩增组合

PstI 引物	核心序列＋酶切位点	选择碱基
P01	5′-GACTGCGTACATGCAG	AAC
P02	5′-GACTGCGTACATGCAG	AGC
P03	5′-GACTGCGTACATGCAG	ACC
P04	5′-GACTGCGTACATGCAG	ACA
P05	5′-GACTGCGTACATGCAG	ACG
P06	5′-GACTGCGTACATGCAG	ACT
P07	5′-GACTGCGTACATGCAG	AGC
P08	5′-GACTGCGTACATGCAG	AAT
P09	5′-GACTGCGTACATGCAG	AAG
P10	5′-GACTGCGTACATGCAG	GAT
MseI 引物	核心序列＋酶切位点	选择碱基
M01	5′-GATGAGTCCTGAGTAA	CAA

续表 4-3

PstI 引物	核心序列+酶切位点	选择碱基
M02	5′-GATGAGTCCTGAGTAA	CAG
M03	5′-GATGAGTCCTGAGTAA	CAT
M04	5′-GATGAGTCCTGAGTAA	CTG
M05	5′-GATGAGTCCTGAGTAA	CAC
M06	5′-GATGAGTCCTGAGTAA	CTA
M07	5′-GATGAGTCCTGAGTAA	CGA
M08	5′-GATGAGTCCTGAGTAA	CCT
M09	5′-GATGAGTCCTGAGTAA	CGC
M10	5′-GATGAGTCCTGAGTAA	CCA

AFLP 技术重复性高，操作简便，不需要制备探针，不用明确基因组序列特征，与其他以 PCR 技术为基础的标记技术相比，可以同时检测多个位点和多态性标记。齐雪梅等利用 AFLP 技术研究铜胁迫对大麦幼根系基因组 DNA 损伤效应，比较基因组 DNA 损伤与幼苗根系生长的关系。另外，AFLP 技术已经应用到遗传多样性、种质资源鉴定和基因定位等研究领域中。

三、实验材料

1. 样品

待测定的某一菌种基因组 DNA。

2. 试剂

(1) AFLP 反应需要的试剂：限制性内切酶(20 U/μL PstI、10 U/μL MseI)、PstI 和 MseI 接头、10×酶切反应缓冲液、100×牛血清白蛋白(BSA)、3 U/μL T4DNA 连接酶、10×T4DNA 连接反应缓冲液、5 U/μL TaqDNA 聚合酶、10×PCR 扩增缓冲液、10 mmol/L dNTPs、25 mmol/L $MgCl_2$、灭菌去离子水(ddH_2O)。

(2) 聚丙烯酰胺凝胶分离和银染色试剂：凝胶加样缓冲液(98%甲酰胺、10 mmol/L EDTA(pH 8.0)、0.25%溴酚蓝、0.25%二甲苯腈)、聚丙烯酰胺、三羟氨甲烷(Tris)、硫代硫酸铵、过硫酸铵、银染色液(1 g 硝酸银、1.5

mL 37%甲醛、1 000 mL ddH_2O)、显影液(30 g 无水碳酸钠、1.5 mL 37%甲醛、200 μL 10 mg/mL 硫代硫酸钠)、10%冰醋酸、尿素等。

3. 器具

PCR 仪、电泳仪、凝胶成像系统、电子天平、微量离心管、移液枪及无菌枪头、玻璃棒等。

四、实验步骤

1. 提取基因组

提取基因组 DNA,并进行检测和调节浓度。

2. 建立酶切反应体系

按照表 4-4 所示配制 40 μL 反应体系,在 37 ℃保温 8 h。

表 4-4　　酶切反应体系

组　分	加入量
100×BSA	0.2 μL
10×酶切反应缓冲液	4.0 μL
20 U/μL PstI	0.25 μL
10 U/μL MseI	0.5 μL
5 pmol/L PstI	1.0 μL
50 pmol/Ll MseI	1.0 μL
3 U/μL T4DNA 连接酶	0.4 μL
10×T4DNA 连接反应缓冲液	2.0 μL
100 ng/ μL DNA	5.0 μL
ddH_2O	25.65 μL

3. 建立 AFLP 预扩增体系

如表 4-5 所示配制 20 μL 预扩增体系,并按照表 4-6 所示进行预扩增,然后将预扩增产物稀释 20 倍作为选择扩增模板。

表 4-5 **AFLP 预扩增体系**

组　　分	加入量
酶切连接液	2.0 μL
50 ng/μL P00	0.6 μL
50 ng/μL M00	0.6 μL
10×PCR 扩增缓冲液	2.0 μL
25 mmol/L $MgCl_2$	1.2 μL
10 mmol/L dNTPs	0.4 μL
5 U/μL TaqDNA 聚合酶	0.1 μL
ddH_2O	13.1 μL

表 4-6 **AFLP 预扩增程序**

步骤	温度	持续时间
1	94 ℃	2 min
2(30 次循环)	94 ℃	35 s
	56 ℃	35 s
	72 ℃	1 min
3	72 ℃	5 min

4. 建立 AFLP 选择扩增体系

按照表 4-7 所示建立 AFLP 选择扩增体系。

表 4-7 **AFLP 选择扩增体系**

组　　分	加入量
50 ng/μL PstI 选择引物	0.8 μL
50 ng/μL MseI 选择引物	0.8 μL
10×PCR 扩增缓冲液	2.0 μL
25 mmol/L $MgCl_2$	1.2 μL
10 mmol/L dNTPs	0.45 μL

续表 4-7

组分	加入量
5 U/μL TaqDNA 聚合酶	0.12 μL
模板 DNA	2.0 μL
ddH_2O	12.63 μL

5. 进行 AFLP 选择扩增

按照表 4-8 所示进行 AFLP 选择扩增。

表 4-8　AFLP 选择扩增程序

步骤	温度	持续时间
1	94 ℃	2 min
2(12 次循环)	94 ℃	35 s
	65 ℃(每次循环降低 0.7 ℃)	35 s
	72 ℃	1 min
3(30 次循环)	94 ℃	35 s
	56 ℃	35 s
	72 ℃	1 min
4	72 ℃	5 min

6. 扩增产物变性

在选择性扩增产物中加入 7 μL 凝胶加样缓冲液，在 95 ℃变性 5 min 后，立即冰浴。

7. 聚丙烯酰胺凝胶电泳分析 PCR 扩增产物

(1) 聚丙烯酰胺变性胶制备

将 7.5 mL Acr 母液(38 g Acr、2 g Bis，用去离子水溶解后配制成 100 mL)、5 mL 10×TBE 和 21 g Urse 用去离子水溶解后配制成 50 mL 6%的变性胶，向变性胶中加入 60 μL TEMED、240 μL APS，充分混匀后灌胶。

(2) 电泳

电泳缓冲液是 1×TBE，预电泳时间 30 min 左右，加入 7 μL 选择扩增样品 DNA，电泳 90～120 min。

(3) 染色

A. 固定：电泳后把凝胶取出放在装有10%冰醋酸的容器中固定25 min，直至指示剂无色。

B. 水洗：将胶板取出，用1 000 mL ddH_2O 浸洗胶板，每次5 min左右。

C. 银染：将水洗后的胶板放在银染色液中，染色25 min左右。

D. 将染色后的胶板立即用 ddH_2O 迅速浸洗，时间不超过5 s。

E. 显影：水洗后的胶板放入显影液中，直至电泳条带显现清晰。

F. 定影：用10%冰醋酸终止反应，5 min后用 ddH_2O 洗涤胶板2次，并在室温下干燥。

五、实验结果

根据AFLP技术分析电泳实验结果，并将电泳图附在实验报告中。

六、思考题

(1) 请根据实验过程进行分析影响电泳结果的因素。

(2) AFLP技术对样品基因组DNA的要求是什么？并解释其原因。

实验二十八　16S rRNA基因序列鉴定细菌

一、实验目的

(1) 学习并理解16S rRNA基因序列鉴定细菌的原理。

(2) 掌握不提取DNA的菌落PCR扩增的方法。

(3) 掌握序列分析的方法。

二、实验原理

随着PCR扩增技术和测序技术的发展，从纯培养原核微生物中获取16S rRNA基因序列的技术也逐渐成熟。一般情况下，如果所测菌株的16S rRNA基因序列与已知典型菌株的相似度小于97%，那么认为该菌株可能是新种；如果两者之间的相似度大于97%，则不能确定测定菌株是典型菌株，只能认为其最接近该种典型菌株。

菌落 PCR 可以将少量细菌菌体放入 PCR 反应体系中，而不需要提取细菌的 DNA，在变性过程中，细胞裂解释放出的 DNA 可以用作模板。菌落 PCR 技术省略了从菌体中提取 DNA 的过程，节约了培养微生物的时间。但该方法不适用于细胞壁不易破裂的菌株。

三、实验材料

1. 菌种

纯化的待测细菌菌株。

2. 器具

超净工作台、离心机、PCR 仪、微波炉、振荡器、电子天平、电泳仪、制胶器、凝胶成像系统、微量移液管及其枪头、量筒、锥形瓶、无菌离心管、无菌 PCR 管、封口膜、冰盒、手套、称量纸等。

3. 试剂

(1) PCR 试剂

细菌 16S rRNA 基因通用引物（引物 1 为 27F 和引物 2 为 1492R）、10×PCR 扩增缓冲液、dNTPs（dATP、dTTP、dCTP、dGTP 各 2 mmol/L）、TaqDNA 聚合酶、25 mmol/L $MgCl_2$、ddH_2O。

(2) 电泳检测试剂

琼脂糖、1×TAE 缓冲液（Tris-乙酸）、6×凝胶加样缓冲液即 Loading Buffer[98%甲酰胺、10 mmol/L EDTA（pH 8.0）、0.25%溴酚蓝、0.25%二甲苯腈]、DNA Marker、0.5 mg/L 溴化乙啶溶液即 EB 溶液等。

四、实验步骤

（一）细菌 16S rRNA 基因 PCR 扩增

(1) 用无菌移液枪枪头从细菌培养基上挑取少量菌体放入无菌 PCR 管底部。

(2) 在冰浴下按照表 4-9 所示的顺序依次将不同的组分加入无菌 PCR 管内，制成 50 μL PCR 反应体系。

表 4-9 **PCR 反应体系**

组　分	加入量
10×PCR 扩增缓冲液	5 μL
2 mmol/L dNTPs	4 μL
引物 1	2 μL
引物 2	2 μL
25 mmol/L $MgCl_2$	3 μL
TaqDNA 聚合酶	1 μL
ddH_2O	33 μL

(3) 在 PCR 仪上按下列反应程序进行设置：

① 94 ℃,5 min。

② 94 ℃,1 min;56 ℃,1 min;72 ℃,90s。(30 次循环)

③ 72 ℃,15 min。

(4) 反应结束后,将 PCR 产物放在 4 ℃条件下,等待电泳检测。若不能立即检测,可以将其放在－20 ℃冰箱中保存。

(二) PCR 产物的琼脂糖凝胶电泳检测

1. 制备 1%琼脂糖凝胶

(1) 称取 1 g 琼脂糖固体粉末至 100 mL 锥形瓶中,然后量取 100 mL 1×TAE缓冲液转移至锥形瓶,混匀后,用封口膜封住锥形瓶口,将其放入微波炉中加热,高火持续 5 min 左右,直至琼脂糖完全融化。

(2) 戴上隔热手套将锥形瓶从微波炉中取出,使其降温至 60～70 ℃后,将琼脂糖胶液倒入胶盒中,使胶液厚度为 3～5 mm,然后轻轻插上梳子,防止产生气泡。

(3) 室温下,待琼脂糖胶液完全凝固,小心拔下梳子,取出底板,并清除底板上的残余碎胶。

2. 电泳

(1) 在电泳槽内加入 1×TAE 缓冲液,把胶板放入电泳槽内,注意正负电极。

(2) 用移液枪吸取 3 μL PCR 产物与 6×凝胶加样缓冲液 0.5 μL,混合均匀后，加入胶孔。

(3) 在胶板上的一个孔中分别加入 DNA Marker 3 μL。

(4) 在 120 V 电压下，电泳 40 min。

3. 染色

(1) 电泳结束后，戴上手套取出胶板，在溴化乙锭溶液中染色 10～15 min。

(2) 戴上手套将胶板从染色液中取出，放入 TAE 溶液中浸泡 5 min。

(3) 取出胶板，打开紫外灯，用凝胶成像系统拍摄照片。将照片保存后，关闭紫外灯和凝胶成像系统，取出胶板。

4. 测序

PCR 扩增效果理想的话，可以用 PCR 纯化试剂盒将扩增产物纯化后送至测序公司进行测序，并向测序公司提供相应的测序引物及其浓度、PCR 产物浓度及片段大小等信息。

5. 测序结果分析

(1) 测序公司对 PCR 产物测序完成后，通过 DNAstar 软件的 SeqMan 程序拼接测序列的 abi 形式文件，除去两端质量差的序列，然后以 FASTA 形式保存。

(2) 登录 EzTaxon-e 网站，在 Services 下的 EzTaxon-e 网页下，点击"identify"提交 FASTA 文件，在"result"中即可看到典型菌株的信息以及与已发表的典型菌株的相似程度。根据最接近的序列分类信息，初步确定待检细菌的分类地位。

(3) 若想获得更加精确的分类信息，则需选择较多相关的参考序列进行构建系统发育树。构建系统发育树可以使用 MEGA、ClustalX 等软件。

五、实验结果

根据测序结果鉴定细菌的分类地位。

六、注意事项

(1) 如果平板上的菌落较为黏稠，可以用无菌生理盐水进行适当稀释，经振荡离心，再挑取少量菌体进行下面的操作。

(2) 在 PCR 反应体系制备过程中，应最后加入 TaqDNA 聚合酶，并及时将反应体系放入 PCR 仪中进行扩增。

(3) 若测序结果中多个位置出现峰图重叠，可能原因是待鉴定的细菌中互相之间存在序列差异的多拷贝 16S rRNA 基因。

七、思考题

(1) 在进行 16S rRNA 基因的 PCR 扩增时，选择引物的依据是什么？

(2) 如果测序结果中多个位置出现峰图重叠，原因是什么？怎样解决？

实验二十九　利用 ITS 序列鉴定真菌

一、实验目的

(1) 理解利用 ITS 序列鉴定真菌的原理。

(2) 学习并掌握利用 ITS 序列鉴定真菌的操作流程。

二、实验原理

真菌鉴定的主要依据往往是其形态学性状和生理生化特征。随着分子生物学技术的发展和原核生物分类学的发展，真菌的鉴定也可以结合基因型进行分类研究。真菌基因型分类法中应用最多的是根据真菌的 18S rRNA 基因序列进行分类。但这种方法存在其局限性，18S rRNA 基因高度保守，导致区分不同属时存在一定困难。因此，基因变化较大的 rRNA 基因间隔(internal transcribed spacer，ITS)序列广泛应用于真菌的分类鉴定。ITS 序列是 18S 和 5.8S 之间的序列以及 5.8S 和 28S 之间的序列共同组成，ITS 序列扩增时使用的引物是根据 18S rRNA 基因末端和 28S rRNA 基因起始端的保守序列设计而成的，这样能够从大部分真菌中扩增出 ITS 片段，又可以获得差异较大的序列，从而用于不同属的真菌的鉴别。

本实验采用酶法提取真菌 DNA，这种方法也可用于环境中细菌和真菌的 DNA 提取，要注意的是提取真菌 DNA 使用溶细胞酶，提取细菌 DNA 使用溶菌酶，然后对真菌 ITS 序列进行 PCR 扩增，再对 PCR 产物进行电泳、测序等分析后，对待鉴定真菌进行初步分类。

三、实验材料

1. 菌种

纯化的酵母菌。

2. 器具

超净工作台、离心机、PCR 仪、烘箱、微波炉、振荡器、研钵、电子天平、电泳仪、制胶器、凝胶成像系统、胶回收试剂盒、微量移液管及其枪头、量筒、锥形瓶、无菌离心管、无菌 PCR 管、封口膜、冰盒、玻璃棒、手套、称量纸、玻璃珠等。

3. 试剂

(1) 提取真菌 DNA 所需的试剂：

裂解缓冲液(1 mol/L Tris-HCl 5 mL、500 mmol/L EDTA 10 mL、蔗糖 12.83 g，总体积 50 mL)、50 mg/mL 溶细胞酶、20 mg/mL 蛋白酶 K、20%十二烷基磺酸钠(SDS)、10%CTAB、0.7 mol/L NaCl 溶液、5 mol/L NaCl、酚/氯仿/异戊醇(25 ∶ 24 ∶ 1)、氯仿/异戊醇(24 ∶ 1)、TE 缓冲液(Tris-EDTA 缓冲液)、70%乙醇、异丙醇等。

(2) PCR 扩增所需的试剂：

真菌 ITS 序列通用引物(引物 1 为 NSA3，引物 2 为 NLC2)、10×PCR 扩增缓冲液、dNTPs(dATP、dTTP、dCTP、dGTP 各 2 mmol/L)、2 U/μL TaqDNA 聚合酶、25 mmol/L $MgCl_2$、ddH_2O。

(3) 琼脂糖凝胶电泳检测所需的试剂：

琼脂糖、1×TAE 缓冲液(Tris-乙酸)、6×凝胶加样缓冲液即 Loading Buffer(98%甲酰胺、10 mmol/L EDTA(pH 8.0)、0.25%溴酚蓝、0.25%二甲苯腈)、DNA Marker、0.5 mg/L 溴化乙啶溶液即 EB 溶液等。

四、实验步骤

(一) 真菌 DNA 的提取

(1) 称取适量真菌菌体加入装有 450 μL 裂解缓冲液的离心管中，然后加入 50 mg/mL 溶细胞酶 10 μL，混匀后，在 37 ℃水浴中放置 30 min。

(2) 向离心管中加入20% SDS 25 μL和20 mg/mL蛋白酶K 5 μL，轻轻混匀，勿剧烈震荡。

(3) 将离心管在 55 ℃下水浴 2 h 以上，然后加入玻璃珠剧烈振荡 5 min左右。

(4) 将上述离心管在装有液氮的研钵中冻融 3 次。

(5) 加入 5 mol/L NaCl 80 μL，混匀后加入 CTAB/NaCl 溶液 60 μL，在 65 ℃水浴中维持 20 min。

(6) 加入等体积的酚/氯仿/异戊醇(25：24：1)混匀，4 000 r/min 离心 20 min，把上清液转移至新的离心管中。

(7) 向离心管中加入氯仿/异戊醇(24：1)混匀，12 000 r/min 离心 10 min，将上清液转移至新的离心管内，然后向上清液所在离心管中加入 0.6 体积的异丙醇，在－20 ℃条件下放置过夜。

(8) 将上述离心管进行离心，12 000 r/min 离心 15 min，倾去上清液，用在－20 ℃下预冷的 500 μL 70%乙醇洗涤一次，然后 12 000 r/min 离心 15 min，小心倾去上清液。

(9) 将离心管中的样品在 65 ℃下烘干 30 min，然后用 50 μL TE 缓冲液将其溶解。

(二) 真菌 ITS 序列的 PCR 扩增

(1) 在冰浴下按照表 4-10 所示的顺序依次将不同的组分加入无菌 PCR 管内，制成 50 μL PCR 反应体系。

表 4-10 PCR 反应体系

组　分	加入量
10×PCR 扩增缓冲液	5 μL
2 mmol/L dNTPs	4 μL
引物 1	2 μL
引物 2	2 μL
25 mmol/L $MgCl_2$	3 μL
1～10 ng/μL 模板	2 μL
2 U/μL TaqDNA 聚合酶	1 μL
ddH_2O	31 μL

(2) 在 PCR 仪上按下列反应程序进行设置：

① 94 ℃，2 min。

② 94 ℃，30 s；58 ℃，30 s；72 ℃，1 min。(30 次循环)

③ 72 ℃，15 min。

(3) 反应结束后，将 PCR 产物放在 4 ℃条件下，等待电泳检测。若不能立即检测，可以将其放在－20 ℃冰箱中保存。

(4) PCR 产物的琼脂糖凝胶电泳检测。

具体的实验流程操作见本章实验八。

(5) 测序

PCR 扩增效果理想的话，可以用 PCR 纯化试剂盒将扩增产物纯化后送至测序公司进行测序，并向测序公司提供相应的测序引物及其浓度、PCR 产物浓度及片段大小等信息。

(6) 测序结果分析

① 打开测序公司送来序列信息中的 abi 形式的峰图文件，除去两端质量差的序列，然后以 FASTA 形式保存。

② 登录真菌条形码网站，点击 identification，选择“Pairwise sequence alignment”。

③ 打开保存的 FASTA 文件，将序列复制到“Paste sequence to align”，点击“Start alignment”，网站中会显示最接近的序列。

④ 根据软件 Reference description 给出的顺序判断最接近的分类信息，并查看其相似度。

⑤ 点击“>”，可以查看到更加详细的信息，然后初步判定菌株的分类。

五、实验结果

根据测序结果确认待鉴定真菌的分类。

六、注意事项

(1) 提取真菌 DNA 过程中使用酚和氯仿等有毒溶剂，在配制试剂的过程中要格外小心，并在通风橱内进行操作。

(2) 琼脂糖凝胶电泳检测时用到的溴化乙啶(EB)有致癌性，使用时要小心，戴手套拿染色后的胶板时，不要接触 EB 区的物质。

七、思考题

(1) 简述提取真菌 DNA 不使用溶菌酶的原因。

(2) 利用 ITS 序列鉴定真菌的原理是什么？

实验三十　环境中微生物多样性分析

一、实验目的

(1) 掌握从环境中提取 DNA 的原理和操作流程。

(2) 掌握采用分子生物学技术分析微生物群落的方法。

二、实验原理

在微生物学和微生物生态学中，微生物群落结构的分析是一个研究热点。微生物群落分析的基本方法是：先从环境中提取 DNA 样本，然后利用 PCR 扩增技术扩增 rRNA 基因，在此基础上构建克隆文库、变性梯度凝胶电泳(DGGE)、RFLP(限制性片段长度多态性分析)、RAPD(随机引物扩增多态性 DNA)、AFLP(扩增片段长度多态性分析)等方法对 PCR 扩增产物进行分析。利用 PCR 扩增技术扩增 rRNA 时，通常采用 16S rRNA 基因序列的保守区相应的引物，因而在生态环境样品中细菌和古生菌群落结构和变化的研究中，往往通过 16S rRNA 基因序列进行系统发育分析。

三、实验材料

1. 样品

特定范围内的土壤样品。

2. 器具

超净工作台、离心机、PCR 仪、烘箱、微波炉、振荡器、研钵、电子天平、电泳仪、制胶器、凝胶成像系统、胶回收试剂盒、微量移液管及其枪头、量筒、锥形瓶、无菌离心管、无菌 PCR 管、封口膜、冰盒、玻璃棒、手套、称量纸、玻璃珠等。

3. 试剂

(1) 提取DNA所需的试剂：

① 提取缓冲液：1 mol/L Tris-HCl(pH 7.0)20 mL、0.5 mol/L EDTA(pH 8.0)40 mL、1 mol/L 磷酸盐缓冲液 20 mL、3 mol/L NaCl 100 mL、10%CTAB 20 mL，总体积 200 mL。

② 液氮。

③ 20%十二烷基磺酸钠(SDS)。

④ 氯仿/异戊醇(24∶1)。

⑤ TE缓冲液(Tris-EDTA缓冲液)。

(2) PCR扩增所需的试剂：

① 细菌16S rRNA基因"通用"引物：引物1为NSA3，引物2为NLC2。

② 10×PCR扩增缓冲液。

③ 2 U/μL TaqDNA聚合酶。

④ 10 mg/mL 牛血清白蛋白(BSA)。

⑤ dNTPs：dATP、dTTP、dCTP、dGTP各2 mmol/L。

⑥ 25 mmol/L $MgCl_2$。

⑦ ddH_2O。

(3) 琼脂糖凝胶电泳检测所需的试剂：

① 琼脂糖。

② 1×TAE缓冲液(Tris-乙酸)。

③ 6×凝胶加样缓冲液即Loading Buffer：98%甲酰胺、10 mmol/L EDTA(pH 8.0)、0.25%溴酚蓝、0.25%二甲苯腈。

④ DNA Marker。

⑤ 0.5 mg/L 溴化乙啶溶液即EB溶液。

四、实验步骤

(一) 提取土壤中微生物DNA

(1) 称取4 g采集到的土壤样品加入装有2 g玻璃珠的灭菌研钵中，加入液氮浸没样品，用力搅拌，充分研磨，重复数次。

(2) 用 9 mL 提取缓冲液逐次将样品全部转入离心管中，混合均匀，60 ℃水浴 3 min。

(3) 向上述装有样品的离心管中加入 20% SDS，轻轻混匀，60 ℃水浴 15 min，每 5 min 轻轻摇匀离心管一次。

(4) 将离心管在室温条件下 4 000 r/min 离心 10 min，然后把上清液转移至新的离心管中，将沉淀用步骤 2～3 重复操作。

(5) 将两次的上清液合并，在室温条件下，4 000 r/min 离心 10 min。

(6) 将表层的絮状 CTAB 浮层下的液体转移至新的离心管中，避免用移液枪吸入 CTAB，然后向离心管中加入等体积的氯仿/异戊醇(24∶1)，混匀后，在室温下，4 400 r/min 离心 20 min。

(7) 将上清液转移至新的离心管中，加入 0.6 倍体积的异丙醇，轻轻混匀，然后在室温下沉淀 30 mim。

(8) 将上述离心管在室温下，16 000 r/min 离心 20 min。

(9) 倾去上清液，避免样品流失，在 60 ℃下干燥 30 min，为加快干燥，可以每隔 10 min 轻弹离心管外壁。

(10) 向干燥的样品中加入经 60 ℃预热的 TE 缓冲液 120 μL，充分溶解后，将其转移至离心管中冷冻保存。

(二) 环境土壤样品 DNA 的 PCR 扩增

(1) 在冰浴下按照表 4-11 所示的顺序依次将不同的组分加入无菌 PCR 管内，制成 50 μL PCR 反应体系。

表 4-11　　PCR 反应体系

组分	加入量
10×PCR 扩增缓冲液	5 μL
2 mmol/L dNTPs	4 μL
5 μmol/L 引物 1	2 μL
5 μmol/L 引物 2	2 μL
25 mmol/L $MgCl_2$	3 μL
1～10 ng/μL 模板	2 μL
2 U/μL TaqDNA 聚合酶	1 μL
ddH_2O	31 μL

(2) 在PCR仪上按下列反应程序进行设置：

① 94 ℃,2 min。

② 94 ℃,1 min;56 ℃,1 min;72 ℃,90s。(30次循环)

③ 72 ℃,15 min。

(3) 反应结束后,将PCR产物放在4 ℃条件下,等待电泳检测。若不能立即检测,可以将其放在－20 ℃冰箱中保存。

(4) PCR产物的琼脂糖凝胶电泳检测

具体的实验流程操作见本章实验八。

(5) PCR产物割胶回收

按照购买的胶回收试剂盒上说明书进行相关操作。

(6) 构建克隆文库

参照本章实验四蓝白斑筛选技术在克隆方面的应用,进行克隆文库的构建。

(7) 测序

若克隆板块中菌落生长状况良好,送到测序公司进行测序,并向测序公司提供相应的测序引物及其浓度、PCR产物浓度及片段大小等信息。

(8) 测序结果分析

① 将从测序公司获得的测序信息中的abi形式的峰图文件打开,除去两端质量差的序列,然后以FASTA形式保存。

② 利用Bioedit软件把所有序列放在同一个FASTA文件中,并在RDP数据库提交此文件,便于对微生物群落的整体分布情况进行了解。

③ 根据结果选择一些reference序列,并将其和测序结果放在同一FASTA文件里。

④ 用ClustalX进行对比,再用Bioedit软件使所有序列两端对齐。

⑤ 利用MEGA软件构建系统发育树。

五、实验结果

根据测序结果分析土壤样品中微生物群落的结构和多态性。

六、注意事项

(1) 将样品从研钵中转移至离心管的过程中,可以先向研钵内加入

5 mL提取缓冲液。转移后，再加入 4 mL 提取缓冲液洗涤研钵，保证样品转移充分。

(2) 如果认为从环境样品中提取 DNA 繁琐、费时，可以使用专门的 DNA 提取试剂盒进行提取。

(3) 构建克隆文库时，要注意载体比例与 PCR 扩增产物的量。

七、思考题

(1) 简述从纯培养细菌提取的 DNA 和从环境样品中提取的 DNA 的扩增方法的区别，并解释原因。

(2) 分析环境样品中古生菌的多样性和分析环境样品中细菌的多样性相比，操作方法上有什么不同之处？

附　录

附录一　常用培养基的配方

1. 牛肉膏蛋白胨培养基(培养细菌用)

附表 1-1

牛肉膏	3 g
蛋白胨	10 g
NaCl	5 g
蒸馏水	1 000 mL
pH	7.0～7.4

在 121 ℃下湿热灭菌 20～30 min。若不加琼脂,为牛肉膏蛋白胨液体培养基;若琼脂量为 3.5～5 g,为牛肉膏蛋白胨半固体培养基;若琼脂量为 15～20 g,则为牛肉膏蛋白胨固体培养基。

2. 高氏(Gause)I 号培养基(培养放线菌用)

附表 1-2

可溶性淀粉	20 g
KNO_3	1 g
NaCl	0.5 g

续附表 1-2

$K_2HPO_4 \cdot 3H_2O$	0.5 g
$MgSO_4 \cdot 7H_2O$	0.5 g
$FeSO_4 \cdot 7H_2O$	0.01 g
琼脂	15～20 g
蒸馏水	1 000 mL
pH	7.4～7.6

制法：先用少量冷水将淀粉调成糊状，用文火加热，边搅拌边加水和其他药品，待药品充分溶解后，补足水至 1 000 mL。

3. 马铃薯琼脂培养基(PDA 培养基，培养真菌用)

附表 1-3

马铃薯(去皮)	200 g
葡萄糖(或蔗糖)	20 g
琼脂	15～20 g
蒸馏水	1 000 mL
pH	自然

制法：马铃薯去皮后，切成小块，煮沸 30 min 左右，注意用玻璃棒搅拌防止糊底，直至煮烂，用 4 层纱布过滤，向滤液中加糖和琼脂，融化后补足水至 1 000 mL，自然 pH，在 121 ℃下灭菌 20 min。培养酵母菌用葡萄糖，培养霉菌用蔗糖。

4. 马丁氏(Martin)培养基(用于分离真菌)

附表 1-4

葡萄糖	10 g
1/3 000 孟加拉红水溶液	100 mL
蛋白胨	5 g
K_2HPO_4	1 g

续附表 1-4

$MgSO_4 \cdot 7H_2O$	0.5 g
琼脂	15～20 g
蒸馏水	900 mL
pH	自然

在 121 ℃下湿热灭菌 30 min。待培养基融化冷却至 55～60 ℃时，加入 0.03%链霉素（链霉素含量 30 μg/mL）。

5. 查氏（Czapek）培养基（蔗糖硝酸钠培养基，培养霉菌用）

附表 1-5

蔗糖	30 g
$NaNO_3$	2 g
KCl	0.5 g
K_2HPO_4	1 g
$MgSO_4 \cdot 7H_2O$	0.5 g
$FeSO_4 \cdot 7H_2O$	0.01 g
蒸馏水	1 000 mL
pH	自然

在 121 ℃下湿热灭菌 30 min。

6. 麦芽汁培养基（培养酵母菌或霉菌用）

附表 1-6

麦芽汁	20 g
蛋白胨	1 g
葡萄糖	20 g
琼脂	20 g
蒸馏水	1 000 mL
pH	6.4

制法:可从啤酒厂购买麦芽汁原液,加水稀释至5～6波美度。或者自制麦芽汁,方法如下:大麦或小麦洗净后,浸水6～12 h,置于20 ℃阴暗处使其发芽。待麦芽长至麦粒长度两倍时,在50 ℃以下烘干。然后将干麦芽磨碎,按一份麦芽加四份水的比例,浸泡麦芽,在65 ℃水浴锅中糖化3～4 h。糖化液用4～6层纱布过滤,加水稀释至5～6波美度,pH值约为6.4,此时加入2%的琼脂,灭菌20 min。

7. 豆芽汁培养基(培养酵母菌或霉菌用)

附录1-7

黄豆芽	500 g
葡萄糖(或蔗糖)	10～30 g
琼脂	20 g
蒸馏水	1 000 mL
pH	7.2～7.4

制法:将洗净的黄豆芽在水中煮沸1 h,过滤后补足水分至1 000 mL,加糖和琼脂,调节pH值,121 ℃湿热灭菌20～30 min。培养酵母菌用葡萄糖,培养霉菌用蔗糖。

8. 伊红美蓝培养基(EMB培养基,用于大肠杆菌的鉴定等)

附表1-8

蛋白胨	10 g
乳糖	10 g
K_2HPO_4	2 g
伊红 Y	0.4 g
美蓝(亚甲蓝)	0.065 g
琼脂	15～20 g
蒸馏水	1 000 mL
pH	7.2

制法：将蛋白胨、乳糖、K_2HPO_4和琼脂混匀，加热溶解，调节 pH 值至 7.2，于 115 ℃湿热灭菌 20 min，然后加入伊红 Y、美蓝，混匀，避免气泡产生，待 50 ℃左右倒平板。

9. LB(Luria-Bertani)培养基（培养细菌，常用于分子生物学）

附表 1-9

胰蛋白胨	10 g
NaCl	10 g
酵母膏	5 g
双蒸馏水	950 mL
pH	7.0

制法：用 1 mol/L NaOH 调节 pH 值至 7.0，于 121 ℃湿热灭菌 20～30 min。含氨苄青霉素的 LB 培养基：待 LB 培养基灭菌冷却至 50 ℃左右，加入氨苄青霉素，至终浓度为 80～100 mg/L。

10. 阿须贝(Ashby)氏无氮培养基（用于自生固氮菌等培养）

附表 1-10

甘露醇	10 g
NaCl	0.2 g
K_2HPO_4	0.2 g
$MgSO_4 \cdot 7H_2O$	0.2 g
$CaSO_4 \cdot 2H_2O$	0.1 g
$CaCO_3$	5 g
琼脂	15～20 g
蒸馏水	1 000 mL
pH	7.2～7.4

在 121 ℃下湿热灭菌 20～30 min。

11. 固氮菌培养基(用于固氮菌、胶质芽孢杆菌的培养)

附表 1-11

甘露醇	20 g
酵母膏	0.5 g
K_2HPO_4	0.8 g
KH_2PO_4	0.2 g
$MgSO_4 \cdot 7H_2O$	0.2 g
$CaSO_4 \cdot 2H_2O$	0.1 g
$FeCl_3$	微量
$Na_2MoO_4 \cdot 2H_2O$	微量
$CaCO_3$	5 g
琼脂	15 g
蒸馏水	1 000 mL
pH	7.2

在 121 ℃下湿热灭菌 20 min。

12. 蛋白胨液体培养基(吲哚试验用)

附表 1-12

蛋白胨	10 g
NaCl	5 g
蒸馏水	1 000 mL
pH	7.2～7.4

在 121 ℃下湿热灭菌 20 min。

13. 葡萄糖蛋白胨培养基(VP 和 MR 试验用)

附表 1-13

蛋白胨	5 g
葡萄糖	5 g
NaCl	5 g
蒸馏水	1 000 mL
pH	7.2

121 ℃湿热灭菌 20 min。

14. 淀粉培养基(用于细菌鉴定和培养等)

附表 1-14

蛋白胨	10 g
可溶性淀粉	2 g
NaCl	5 g
牛肉膏	5 g
琼脂	15～20 g
蒸馏水	1 000 mL

15. 糖发酵培养基(细菌糖发酵实验用)

附表 1-15

蛋白胨	2 g
K_2HPO_4	0.2 g
NaCl	5 g
1%溴麝香草酚蓝水溶液	3 mL
糖类	1 g
蒸馏水	1 000 mL
pH	7.0～7.4

制法:溴麝香草酚蓝先用少量 95%乙醇溶解,再加水配制成 1%水溶

液。将蛋白胨和 NaCl 溶于热水中，调 pH 值后，加入上述配制的溴麝香草酚蓝水溶液，加入糖类，分装入试管，装量一般为 45 cm 高，倒放入杜氏小管中，使管口向下，管内充满培养液。于 115 ℃湿热灭菌 20 min 后备用。灭菌时，尽量排尽锅内空气，避免杜氏小管内残留气泡，否则将会影响实验结果判断。在上述糖发酵培养液中加入 5～6 g 水洗琼脂后灭菌，制成半固体培养基。

16. LAB 培养基(乳酸菌活菌计数用)

附表 1-16

牛肉膏	10 g
酵母膏	10 g
乳糖	20 g
吐温 80	1.0 mL
K_2HPO_4	2 g
$CaCO_3$	10 g
琼脂	10 g
蒸馏水	1 000 mL
pH	6.6

在 121 ℃下湿热灭菌 20 min。

17. 乳酸菌培养基(乳酸发酵用)

附表 1-17

牛肉膏	5 g
酵母膏	5 g
蛋白胨	10 g
葡萄糖	10 g
乳糖	5 g
NaCl	5 g
蒸馏水	1 000 mL
pH	6.8

在 121 ℃下湿热灭菌 20 min。

18. RCM 培养基(强化梭菌培养基、培养厌氧菌用)

附表 1-18

牛肉膏	10 g
酵母膏	3 g
蛋白胨	10 g
葡萄糖	5 g
可溶性淀粉	1 g
半胱氨酸盐酸盐	0.5 g
NaAc	3 g
NaCl	3 g
蒸馏水	1 000 mL
pH	8.5
刃天青	3 mg/L

在 121 ℃下湿热灭菌 30 min。

19. TYA 培养基(培养厌氧梭菌用)

附表 1-19

葡萄糖	40 g
牛肉膏	2 g
蛋白胨	2 g
胰蛋白胨	6 g
醋酸铵	3 g
KH_2PO_4	0.5 g
$MgSO_4 \cdot 7H_2O$	0.2 g
$FeSO_4 \cdot 7H_2O$	0.01 g
蒸馏水	1 000 mL
pH	6.5

在 121 ℃下湿热灭菌 30 min。

20. 中性红培养基(培养厌氧菌)

附表 1-20

葡萄糖	40 g
牛肉膏	2 g
蛋白胨	2 g
胰蛋白胨	6 g
醋酸铵	3 g
KH_2PO_4	5 g
中性红	0.2 g
$MgSO_4 \cdot 7H_2O$	0.2 g
$FeSO_4 \cdot 7H_2O$	0.01 g
蒸馏水	1 000 mL
pH	6.2

在 121 ℃下湿热灭菌 30 min。

21. 柠檬酸铁铵培养基(细菌产 H_2S 试验用)

附表 1-21

蛋白胨	2 g
柠檬酸铁铵	0.5 g
硫代硫酸钠	0.5 g
NaCl	5 g
琼脂	5～8 g
蒸馏水	1 000 mL
pH	7.4

在 121 ℃下湿热灭菌 20 min。

22. 柠檬酸盐培养基(柠檬酸盐利用试验用)

附表 1-22

柠檬酸钠	2 g
K_2HPO_4	1 g
$NH_4H_2PO_4$	1 g
NaCl	5 g
$MgSO_4$	0.2 g
琼脂	15～20 g
蒸馏水	1 000 mL
1%溴麝香草酚蓝乙醇溶液	10 mL
pH	6.8

在 121 ℃下湿热灭菌 20 min。

23. 复红亚硫酸钠培养基(远藤培养基,水体中大肠菌群检测)

附表 1-23

牛肉膏	5 g
酵母浸膏	5 g
蛋白胨	10 g
乳糖	10 g
K_2HPO_4	0.5 g
琼脂	20 g
无水亚硫酸钠	5 g
5%碱性复红乙醇溶液	20 mL
蒸馏水	1 000 mL

制法:先将蛋白胨、牛肉膏、酵母浸膏和琼脂加入 900 mL 蒸馏水中,加热溶解,再加入 K_2HPO_4,溶解后补充水分至 1 000 mL,调节 pH 值为 7.2～7.4。接着加入乳糖,混匀溶解后,在 121 ℃下湿热灭菌 20 min。称取亚硫酸钠至无菌空试管内,用少许无菌水将其溶解。水浴中煮沸 10 min,立

即滴加到 20 mL 5%碱性复红乙醇溶液中，直至深红色转变为淡粉红色为止。将此混合液全部加入到上述已灭菌的并保持融化状态的培养基中，混匀后立刻倒平板，待其凝固后置于冰箱中备用，若颜色由淡红色变为深红色，则不能再用。

24. 乳糖蛋白胨培养基(用于水体中大肠菌群的检测)

附表 1-24

牛肉膏	3 g
乳糖	5 g
蛋白胨	10 g
NaCl	5 g
1.6%溴甲酚紫乙醇溶液	1 mL
蒸馏水	1 000 mL
pH	7.2～7.4

制法：将牛肉膏、蛋白胨、乳糖及 NaCl 加热溶解于 1 000 mL 蒸馏水中。调节 pH 值。加入 1.6%溴甲酚紫乙醇溶液 1 mL，混匀后，分装试管(10 mL/管)，并放入倒置的杜氏小管。在 121 ℃下湿热灭菌 20 min。

25. 酵母菌富集培养基(培养酵母菌用)

附表 1-25

葡萄糖	50 g
尿素	1 g
$(NH_4)_2SO_4 \cdot 7H_2O$	1 g
KH_2PO_4	2.5 g
Na_2HPO_4	0.5 g
$MgSO_4 \cdot 7H_2O$	1 g
$FeSO_4 \cdot 7H_2O$	0.1 g
酵母膏	0.5 g
孟加拉红	0.03 g
蒸馏水	1 000 mL
pH	4.5

附录二　常用染色液的配制

1. 吕氏(Loeffler)美蓝液

A 液:美蓝(次甲基蓝,亚甲基蓝 methylene blue)0.6 g,95%酒精 30 mL。

B 液:KOH 0.01 g,蒸馏水 100 mL。

分别配好 A 液和 B 液,配合好混合即可。

2. 齐氏(Ziehl)石炭酸复红染液

A 液:碱性复红(碱性品红,basic fuchsin)0.3 g,95%酒精 10 mL。

B 液:石炭酸 5.0 g,蒸馏水 95 mL。

A、B 液混合后,稀释 5~10 倍使用。稀释液不稳定,不宜多配置。

3. 革兰氏(Gram)染色液

(1) 草酸铵结晶紫染液

A 液:结晶紫(甲紫,crystal violet)2.0 g,95%酒精 20 mL。

B 液:草酸铵(ammonium oxalate)0.8 g,蒸馏水 80 mL。

混合好 A、B 液,静置 48 h 后使用。

(2) 鲁哥氏(Lugol)碘液

碘片 1.0 g,碘化钾 2.0 g,蒸馏水 300 mL。

先将碘化钾溶解在少量水中,再将碘片溶解在碘化钾溶液中,待碘全溶后,加足水分即成。

(3) 95%乙醇溶液

(4) 番红染液

番红(沙黄,碱性藏红花,safranine)2.5 g,95%乙醇 100 mL。

取上述配好的番红酒精溶液 10 mL 与 80 mL 蒸馏水混匀即成。

4. 芽孢染色液

(1) 孔雀绿(孔雀石绿,malachite green)5.0 g,蒸馏水 100 mL。

(2) 番红水溶液

番红 0.5 g,蒸馏水 100 mL。

5. 荚膜染色液

(1) 番红染色液

与革兰染色液中番红复染液相同。

(2) 黑色素水溶液

黑色素(nigrosin)5.0 g,蒸馏水 100 mL,福尔马林(40%甲醛)0.5 mL。

6. 鞭毛染色液

A 液:丹宁酸 5.0 g,$FeCl_3$ 1.5 g,重蒸馏水 100 mL。

待溶解后,加入 1%NaOH 溶液 1 mL 和 15%甲醛溶液 2 mL。

B 液:$AgNO_3$ 2.0 g,重蒸馏水 100 mL。

待 $AgNO_3$ 溶解后,取出 10 mL 做回滴用,往其余的 90 mL B 液中滴加浓 NH_4OH 溶液,当出现大量沉淀时再继续加 NH_4OH,直至溶液中沉淀刚刚消失变澄清为止。然后用保留的 10 mL B 液小心地逐滴加入。至出现轻微和稳定的薄雾为止(此步操作非常关键,应格外小心)。在整个滴加过程中要边滴边摇匀。配好的染色液当日有效,4 h 内效果最好,次日使用效果差。

7. 细胞核染色液

(1) 氯化汞固定液

饱和氯化汞酒精约 95 mL,5%冰醋酸约 5 mL,混合比例需先做实验,但为了避免氯化汞收缩作用,必须加足量的醋酸。

(2) 碱性复红染色液

碱性复红 0.5 g,95%酒精 100 mL。

8. 苏丹 IV 染色液

A 液:苏丹 IV 0.5 g,正丁醇 25 mL。

B 液:正丁醇 4.5 份(体积),乙醇 5.5 份(体积)。

将苏丹红 IV 加入正丁醇,加热使之溶解,冷却后滤过即为 A 液,使用 A 液和 B 液按 7∶9 比例混合,滤过即成。

9. 放线菌菌丝和孢子分染液

0.1%俾式麦棕 Y2 份,0.1%甲苯胺蓝 2 份,硫酸铵饱和水溶液 1 份。

10. 乳酸酚棉蓝染色液

石炭酸 10 g,乳酸(相对密度 1.21)10 mL,甘油 20 mL,蒸馏水 10 mL,棉蓝(甲基蓝,cotton blue)0.02 g。

将石炭酸加入蒸馏水中，加热使其溶解，然后加入乳酸和甘油，最后加入棉蓝，使其溶解即制得乳酸酚液，可作封藏剂用。

附录三　常用试剂的配制

1. 0.02%(质量浓度)甲基红试剂

甲基红 0.1 g，95%乙醇 300 mL，蒸馏水 200 mL。

2. 测吲哚反应试剂

对二甲氨基苯甲醛 8 g，95%乙醇 760 mL，浓 HCl 160 mL。

3. 测硝酸盐还原试剂

(1) 格里斯(Griess)试剂

A 液：对氨基苯磺酸 0.5 g，稀醋酸(10%左右)150 mL。

B 液：α-萘胺 0.1 g，蒸馏水 20 mL，稀醋酸(10%左右)150 mL。

(2) 二苯胺试剂

将二苯胺 0.5 g 溶于 100 mL 浓硫酸中，用 20 mL 蒸馏水稀释。

在培养液中滴加 A 液和 B 液后，溶液如果变为粉红色、玫瑰红色、橙色或棕色等，则表明有亚硝酸盐存在，硝酸盐还原反应为阳性，如果无红色出现，则可滴加 1～2 滴二苯胺试剂；如果溶液呈现蓝色，则表示培养液中仍然存在硝酸盐，从而证实该菌无硝酸盐还原作用；如果溶液不呈现蓝色，则表示形成的亚硝酸盐已经进一步还原为其他物质，故硝酸盐还原反应仍为阳性。

4. Hanks 液

(1) 贮存液

A 液：NaCl 80 g，KCl 4 g，$MgSO_4 \cdot 7H_2O$ 1 g，$MgCl_2 \cdot 6H_2O$ 1 g，用双蒸水定容至 450 mL；$CaCl_2$ 1.4 g(或者 $CaCl_2 \cdot 2H_2O$ 1.85 g)，用双蒸水定容至 50 mL。

B 液：$Na_2HPO_4 \cdot 12H_2O$ 1.52 g，KH_2PO_4 0.6 g，酚红 0.2 g，葡萄糖 10 g，用双蒸水定容至 500 mL，然后加氯仿 1 mL。

(2) 应用液

取上述贮存液的 A 液和 B 液各 25 mL，加双蒸水定容至 450 mL，112

℃下灭菌 20 min,置于 4 ℃下保存。使用前用无菌的 3%$NaHCO_3$调节至所需 pH 值。

5. 碘液

(1) 原碘液:称取碘 11 g,碘化钾 22 g,先用少量蒸馏水溶解碘化钾,再加入碘,待其完全溶解后,定容至 500 mL,贮存于棕色瓶内。

(2) 稀碘液:取原碘液 2 mL,加碘化钾 20 g,用蒸馏水溶解定容至 500 mL,贮存于棕色瓶内。

6. 美蓝氧化还原指示剂

0.006 mol/L 氢氧化钠、0.015%美蓝溶液、6%葡萄糖溶液。

7. 焦性没食子酸钠溶液

焦性没食子酸 1 g,加入 10%NaOH 溶液 10 mL。

8. 生理盐水

NaCl 8.5 g,蒸馏水 1 000 mL。

附录四　常用酸碱指示剂的配制

精确称取指示剂粉末 0.1 g 至研钵中,分数次加入适量的 0.01 mol/L NaOH 溶液(见附表 4-1),小心研磨直至溶解,最终用蒸馏水稀释至 250 mL,配制成 0.04%指示剂溶液,其中甲基红和酚红溶液则稀释至 500 mL,最终浓度为 0.02%。

附表 4-1

指示剂(0.1 g)		加入 NaOH 溶液的体积/mL	颜色变化		pH 范围
名称	英文名		酸	碱	
间甲酚紫	meta-cresol purple	26.2	红	黄	1.2～2.8
百里酚蓝	thymol blue	21.5	红	黄	1.2～2.8
溴酚蓝	bromphenol blue	14.9	黄	蓝	3.0～4.6
溴甲酚绿	bromocresol green	14.3	黄	蓝	3.8～5.4
甲基红	methyl red	37.0	红	黄	4.2～6.8
氯酚红	chlorophenol red	23.6	黄	红	4.8～6.4
溴酚红	bromphenol red	19.5	黄	红	5.2～6.8

续附表 4-1

指示剂(0.1 g)		加入 NaOH 溶液的体积/mL	颜色变化		pH 范围
名称	英文名		酸	碱	
溴甲酚紫	bromphenol purple	18.5	黄	紫	5.2～6.8
溴麝香草酚蓝	bromothymol blue	16.0	黄	蓝	6.0～7.6
酚红	phenol red	28.2	黄	红	6.8～8.4
甲酚红	cresol red	26.2	黄	红	7.2～8.8
麝香草酚蓝	thymol blue	21.5	黄	蓝	8.0～9.6
酚酞	phenolphthalein	90%乙醇溶解	无色	红	8.2～9.8
麝香草酚酞	thymol-phthalein	90%乙醇溶解	无色	蓝	9.3～10.5
茜黄	alizarin-yellow	90%乙醇溶解	黄	红紫	10.1～12.0

附录五　常用缓冲液的配制

1. 磷酸缓冲液

配制方法：

A 液：0.2 mol/L 磷酸二氢钠溶液($NaH_2PO_4 \cdot 2H_2O$)，1 000 mL 中含有 31.2 g 磷酸二氢钠。

B 液：0.2 mol/L 磷酸氢二钠溶液($Na_2HPO_4 \cdot 7H_2O$)，1 000 mL 中含有 53.7 g 磷酸氢二钠。

根据实验所需的 pH 值，按照附表 5-1，吸取 A 液和 B 液，混合均匀即制得。

附表 5-1　磷酸缓冲液

pH	A 液/mL	B 液/mL	pH	A 液/mL	B 液/mL
5.7	93.5	6.5	6.9	45.0	55.0
5.8	92.0	8.0	7.0	39.0	61.0
5.9	90.0	10.0	7.1	33.0	67.0
6.0	87.7	12.3	7.2	28.0	72.0
6.1	85.0	15.0	7.3	23.0	77.0

续附表 5-1

pH	A 液/mL	B 液/mL	pH	A 液/mL	B 液/mL
6.2	81.5	18.5	7.4	19.0	81.0
6.3	77.5	22.5	7.5	16.0	84.0
6.4	73.5	26.5	7.6	13.0	87.0
6.5	68.5	31.5	7.7	10.0	90.0
6.6	62.5	37.5	7.8	8.5	91.5
6.7	56.5	43.5	7.9	7.0	93.0
6.8	51.0	49.0	8.0	5.3	94.7

2. 醋酸钠-醋酸缓冲液

配制方法：

A 液：0.2 mol/L 醋酸钠溶液，1 000 mL 中含有 11.55 g 醋酸钠。

B 液：0.2 mol/L 醋酸溶液，1 000 mL 中含有 10.40 g 醋酸。

根据实验所需的 pH 值，按照附表 5-2，吸取 A 液和 B 液，混合均匀即制得。

附表 5-2 醋酸钠-醋酸缓冲液

pH	A 液/mL	B 液/mL	pH	A 液/mL	B 液/mL
3.6	46.3	3.7	4.8	20.0	30.0
3.8	44.0	6.0	5.0	14.8	35.2
4.0	41.0	9.0	5.2	10.5	39.5
4.2	36.8	13.2	5.4	8.8	41.2
4.4	30.5	19.5	5.6	4.8	45.2
4.6	25.5	24.5			

3. 磷酸-柠檬酸缓冲液

配制方法：

A 液：0.1 mol/L 柠檬酸溶液，1 000 mL 中含有 21.01 g 柠檬酸。

B 液：0.2 mol/L 磷酸氢二钠溶液，1 000 mL 中含有 53.7 g 磷酸氢二钠。

根据实验所需的 pH 值，按照附表 5-3，吸取 A 液和 B 液，混合均匀，加水稀释至 100 mL。

附表 5-3　　磷酸—柠檬酸缓冲液

pH	A 液/mL	B 液/mL	pH	A 液/mL	B 液/mL
2.6	44.6	5.4	5.0	24.3	25.7
2.8	42.2	7.8	5.2	23.3	26.7
3.0	39.8	10.2	5.4	22.2	27.8
3.2	37.7	12.3	5.6	21.0	29.0
3.4	35.9	14.1	5.8	19.7	30.3
3.6	33.9	16.1	6.0	17.9	32.1
3.8	32.3	17.7	6.2	16.9	33.1
4.0	30.7	19.3	6.4	15.4	34.6
4.2	29.4	20.6	6.6	13.6	36.4
4.4	27.8	22.2	6.8	9.1	40.9
4.6	26.7	23.3	7.0	6.5	43.5
4.8	25.2	24.8			

4. Tris-HCl 缓冲液

配制方法：

A 液：0.2 mol/L Tris 溶液，1 000 mL 中含有 24.4 g 三羟甲基氨基甲烷。

B 液：0.2 mol/L HCl。

根据实验所需的 pH 值，吸取 A 液 25 mL，按照附表 5-4，吸取 B 液，混合均匀，加水稀释至 100 mL。

附表 5-4　　Tris-HCl 缓冲液

pH	7.2	7.4	7.6	7.8	8.0	8.2	8.4	8.6	8.8	9.0
B 液/mL	22.1	20.7	19.2	16.3	13.4	11.0	8.3	6.1	4.1	2.5

5. Tris 马来酸缓冲液

配制方法：

A液：1 000 mL溶液中含有24.2 g三羟甲基氨基甲烷和23.2 g马来酸或者19.6 g马来酸酐。

B液：0.2 mol/L NaOH。

根据实验所需的pH值，吸取A液25 mL，按照附表5-5，吸取B液，混合均匀，加水稀释至100 mL。

附表5-5　Tris马来酸缓冲液

pH	5.2	5.4	5.6	5.8	6.0	6.2	6.4	6.6	6.8
B液/mL	3.5	5.4	7.8	10.3	13.0	15.8	18.5	21.3	22.5
pH	7.0	7.2	7.4	7.6	7.8	8.0	8.2	8.4	8.6
B液/mL	24.0	25.5	27.0	29.0	31.8	34.5	37.5	40.5	43.3

附录六　常用的消毒剂

名称	配制方法	用途
升汞	升汞0.1 g，盐酸0.2 mL，混合后加水100 mL	植物组织和虫体外消毒
石炭酸（苯酚）	石炭酸5 g，加水至100 mL	接种室（喷雾）、器皿消毒
酒精	95%乙醇75 mL，加水20 mL	皮肤消毒
新洁尔灭	5%新洁尔灭5 mL，加水95 mL	皮肤及器皿消毒
来苏水（煤粉皂液）	50%来苏水4 mL，加水96 mL	接种室消毒，擦洗桌面及器械
甲醛（福尔马林）	10 mL甲醛，加水240 mL	接种室消毒
高锰酸钾	1 g高锰酸钾，加水1 000 mL	皮肤及器皿消毒（随用随配）
漂白粉	10 g漂白粉，加水100 mL	喷洒接种室或培养室

附录七　蒸汽压力与温度的关系

压力表读数			温度/℃		
MPa	1 bf/in^2	kg/cm^2	纯水蒸气	含 50%空气	未排空气
0	0	0	100		
0.03	5.0	0.35	109	94	72
0.05	6.0	0.50	110	98	75
0.06	8.0	0.59	112.6	100	81
0.07	10.0	0.70	115.2	105	90
0.09	12.0	0.88	117.6	107	93
0.10	15.0	1.05	121.5	112	100
0.14	20.0	1.41	126.5	118	109
0.17	25.0	1.76	131.0	124	115
0.21	30.0	2.11	134.6	128	121

附录八　常用干燥剂

干燥剂的使用范围	常用干燥剂的种类
常用于气体干燥	石灰，无水 $CaCl_2$，P_2O_5，浓硫酸，KOH
常用于液体的干燥	无水 $CaCl_2$，P_2O_5，浓硫酸，KOH，无水 K_2CO_3，无水 Na_2SO_4，无水 $MgSO_4$，无水 $CaSO_4$，金属钠
干燥器中的吸水剂	无水 $CaCl_2$，P_2O_5，浓硫酸，硅胶
常用的有机溶剂蒸汽干燥剂	石蜡片
常用的酸性气体干燥剂	石灰，NaOH，KOH
常用的碱性气体干燥剂	P_2O_5，浓硫酸

附录九 常用计量单位

度		量		衡		摩尔浓度		
单位名称	符号	单位名称	符号	单位名称	符号	单位名称	符号	相当量
米	m	升	L	千克	kg	摩尔/升	mol/L	mol/L
分米	dm	分升	dL	克	g	毫摩尔/升	mmol/L	10^{-3} mol/L
厘米	cm	毫升	mL	毫克	mg	微摩尔/升	μmol/L	10^{-6} mol/L
毫米	mm	微升	μL	微克	μg	纳摩尔/升	nmol/L	10^{-9} mol/L
微米	μm	纳升	nL	纳克	ng	皮摩尔/升	pmol/L	10^{-12} mol/L
纳米	nm	皮升	pL	皮克	pg			
皮米	pm							

附录十 常用的菌种保藏方法

方法	主要条件	适宜菌种	保存时间	特点
斜面低温保藏法	低温	各类	3～6 月	简便
半固体穿刺保藏法	低温	细菌、酵母菌	6～12 月	简便
液体石蜡保藏法	低温、缺氧	各类好氧菌	1～2 年	简便
悬液保藏法	缺乏营养	丝状真菌、酵母菌和肠道细菌	1～2 年	简便
砂土管保藏法	低温、干燥、缺氧、缺营养	产孢子的微生物	1～10 年	简便有效
冷冻真空干燥保藏法	低温、干燥、无氧、加保护剂	各类	5～15 年	复杂而高效
液氮超低温冷冻保藏法	超低温、干燥、无氧、加保护剂	各类	20 年以上	复杂而高效

附录十一　MPN表

附表 11-1　　总大肠菌群 MPN 检数表

接种量/mL			总大肠菌群数(MPN/100 mL)	接种量/mL			总大肠菌群数(MPN/100 mL)
10	1	0.1		10	1	0.1	
0	0	0	<2	0	1	0	2
0	0	1	2	0	1	1	4
0	0	2	4	0	1	2	6
0	0	3	5	0	1	3	7
0	0	4	7	0	1	4	9
0	0	5	9	0	1	5	11

接种量/mL			总大肠菌群数(MPN/100 mL)	接种量/mL			总大肠菌群数(MPN/100 mL)
10	1	0.1		10	1	0.1	
0	2	0	4	0	3	0	6
0	2	1	6	0	3	1	7
0	2	2	7	0	3	2	9
0	2	3	9	0	3	3	11
0	2	4	11	0	3	4	13
0	2	5	13	0	3	5	15

接种量/mL			总大肠菌群数(MPN/100 mL)	接种量/mL			总大肠菌群数(MPN/100 mL)
10	1	0.1		10	1	0.1	
0	4	0	8	0	5	0	9
0	4	1	9	0	5	1	11
0	4	2	11	0	5	2	13
0	4	3	13	0	5	3	15
0	4	4	15	0	5	4	17
0	4	5	17	0	5	5	19

接种量/mL			总大肠菌群数(MPN/100 mL)	接种量/mL			总大肠菌群数(MPN/100 mL)
10	1	0.1		10	1	0.1	
1	0	0	2	1	1	0	4
1	0	1	4	1	1	1	6
1	0	2	6	1	1	2	8
1	0	3	8	1	1	3	10

续附表 11-1

接种量/mL			总大肠菌群数	接种量/mL			总大肠菌群数
10	1	0.1	(MPN/100 mL)	10	1	0.1	(MPN/100 mL)
1	0	4	10	1	1	4	12
1	0	5	12	1	1	5	14
接种量/mL			总大肠菌群数	接种量/mL			总大肠菌群数
10	1	0.1	(MPN/100 mL)	10	1	0.1	(MPN/100 mL)
1	2	0	6	1	3	0	8
1	2	1	8	1	3	1	10
1	2	2	10	1	3	2	12
1	2	3	12	1	3	3	15
1	2	4	15	1	3	4	17
1	2	5	17	1	3	5	19
接种量/mL			总大肠菌群数	接种量/mL			总大肠菌群数
10	1	0.1	(MPN/100 mL)	10	1	0.1	(MPN/100 mL)
1	4	0	11	1	5	0	13
1	4	1	13	1	5	1	15
1	4	2	15	1	5	2	17
1	4	3	17	1	5	3	19
1	4	4	19	1	5	4	22
1	4	5	22	1	5	5	24
接种量/mL			总大肠菌群数	接种量/mL			总大肠菌群数
10	1	0.1	(MPN/100 mL)	10	1	0.1	(MPN/100 mL)
2	0	0	5	2	1	0	7
2	0	1	7	2	1	1	9
2	0	2	9	2	1	2	12
2	0	3	12	2	1	3	14
2	0	4	14	2	1	4	17
2	0	5	16	2	1	5	19

续附表 11-1

接种量/mL			总大肠菌群数	接种量/mL			总大肠菌群数
10	1	0.1	(MPN/100 mL)	10	1	0.1	(MPN/100 mL)
2	2	0	9	2	3	0	12
2	2	1	12	2	3	1	14
2	2	2	14	2	3	2	17
2	2	3	17	2	3	3	20
2	2	4	19	2	3	4	22
2	2	5	22	2	3	5	25

接种量/mL			总大肠菌群数	接种量/mL			总大肠菌群数
10	1	0.1	(MPN/100 mL)	10	1	0.1	(MPN/100 mL)
2	4	0	15	2	5	0	17
2	4	1	17	2	5	1	20
2	4	2	20	2	5	2	23
2	4	3	23	2	5	3	26
2	4	4	25	2	5	4	29
2	4	5	28	2	5	5	32

接种量/mL			总大肠菌群数	接种量/mL			总大肠菌群数
10	1	0.1	(MPN/100 mL)	10	1	0.1	(MPN/100 mL)
3	0	0	8	3	1	0	11
3	0	1	11	3	1	1	14
3	0	2	13	3	1	2	17
3	0	3	16	3	1	3	20
3	0	4	20	3	1	4	23
3	0	5	23	3	1	5	27

接种量/mL			总大肠菌群数	接种量/mL			总大肠菌群数
10	1	0.1	(MPN/100 mL)	10	1	0.1	(MPN/100 mL)
3	2	0	14	3	3	0	17
3	2	1	17	3	3	1	21
3	2	2	20	3	3	2	24
3	2	3	24	3	3	3	28

续附表 11-1

接种量/mL			总大肠菌群数	接种量/mL			总大肠菌群数
10	1	0.1	(MPN/100 mL)	10	1	0.1	(MPN/100 mL)
3	2	4	27	3	3	4	32
3	2	5	31	3	3	5	36

接种量/mL			总大肠菌群数	接种量/mL			总大肠菌群数
10	1	0.1	(MPN/100 mL)	10	1	0.1	(MPN/100 mL)
3	4	0	21	3	5	0	25
3	4	1	24	3	5	1	29
3	4	2	28	3	5	2	32
3	4	3	32	3	5	3	37
3	4	4	36	3	5	4	41
3	4	5	40	3	5	5	45

接种量/mL			总大肠菌群数	接种量/mL			总大肠菌群数
10	1	0.1	(MPN/100 mL)	10	1	0.1	(MPN/100 mL)
4	0	0	13	4	1	0	17
4	0	1	17	4	1	1	21
4	0	2	21	4	1	2	26
4	0	3	25	4	1	3	31
4	0	4	30	4	1	4	36
4	0	5	36	4	1	5	42

接种量/mL			总大肠菌群数	接种量/mL			总大肠菌群数
10	1	0.1	(MPN/100 mL)	10	1	0.1	(MPN/100 mL)
4	2	0	22	4	3	0	27
4	2	1	26	4	3	1	33
4	2	2	32	4	3	2	39
4	2	3	38	4	3	3	45
4	2	4	44	4	3	4	52
4	2	5	50	4	3	5	59

续附表 11-1

接种量/mL			总大肠菌群数 (MPN/100 mL)	接种量/mL			总大肠菌群数 (MPN/100 mL)
10	1	0.1		10	1	0.1	
4	4	0	34	4	5	0	41
4	4	1	40	4	5	1	48
4	4	2	47	4	5	2	56
4	4	3	54	4	5	3	64
4	4	4	62	4	5	4	72
4	4	5	69	4	5	5	81
接种量/mL			总大肠菌群数 (MPN/100 mL)	接种量/mL			总大肠菌群数 (MPN/100 mL)
10	1	0.1		10	1	0.1	
5	0	0	23	5	1	0	33
5	0	1	31	5	1	1	46
5	0	2	43	5	1	2	63
5	0	3	58	5	1	3	84
5	0	4	76	5	1	4	110
5	0	5	95	5	1	5	130
接种量/mL			总大肠菌群数 (MPN/100 mL)	接种量/mL			总大肠菌群数 (MPN/100 mL)
10	1	0.1		10	1	0.1	
5	2	0	49	5	3	0	79
5	2	1	70	5	3	1	110
5	2	2	94	5	3	2	140
5	2	3	120	5	3	3	180
5	2	4	150	5	3	4	210
5	2	5	180	5	3	5	250
接种量/mL			总大肠菌群数 (MPN/100 mL)	接种量/mL			总大肠菌群数 (MPN/100 mL)
10	1	0.1		10	1	0.1	
5	4	0	130	5	5	0	240
5	4	1	170	5	5	1	350
5	4	2	220	5	5	2	540
5	4	3	280	5	5	3	920
5	4	4	350	5	5	4	1600
5	4	5	430	5	5	5	>1 600

参考文献

[1] 奥斯伯 F M,金斯顿 R E,塞德曼 J G,等. 精编分子生物学实验指南[M]. 第4版. 马学军,舒跃龙,等译. 北京:科学出版社,2005.

[2] 陈声明,刘丽丽. 微生物学研究法[M]. 北京:中国农业科技出版社,1996.

[3] 代群威,李琼芳,杨丽君,等. 环境工程微生物学实验[M]. 北京:化学工业出版社,2010.

[4] 东秀珠,蔡妙英. 常见细菌系统鉴定手册[M]. 北京:科学出版社,2001.

[5] 杜连祥,路福平. 微生物学实验技术[M]. 北京:中国轻工业出版社,2006.

[6] 黄秀梨,辛明秀. 微生物学实验指导[M]. 第2版. 北京:高等教育出版社,2008.

[7] 姜彬慧,李亮,方萍. 环境工程微生物学实验指导[M]. 北京:冶金工业出版社,2011.

[8] 李顺鹏. 微生物学实验指导[M]. 北京:中国农业出版社,2015.

[9] 李原园,张映. AFLP 技术及其应用[J]. 国外畜牧学——猪与禽,2009,29(6):94-96.

[10] 李钟庆. 微生物菌种保藏技术[M]. 北京:科学出版社,1989.

[11] 刘国生. 微生物学实验技术[M]. 北京:科学出版社,2007.

[12] 刘进元,常智杰,赵广荣,等. 分子生物学实验指导[M]. 北京:清华大学出版社,2002.

[13] 刘绍雄,王明月,王娟. 基于 PCR-DGGE 技术的剑湖湿地湖滨带土壤微生物群落结构多样性分析[J]. 农业环境科学学报,2013,32(7):1405-1412.

[14] 罗泽娇,冯亮. 环境工程微生物实验[M]. 武汉:中国地质大学出版社,2013.
[15] 钱存柔,黄仪秀. 微生物学实验教程[M]. 北京:北京大学出版社,1999.
[16] 屈伸,刘志国. 分子生物学实验技术[M]. 北京:化学工业出版社,2008.
[17] 佘跃惠,张凡,向廷生,等. PCR-DGGE 方法分析原油储层微生物群落结构及种群多样性[J]. 生态学报,2005,25(2):237-242.
[18] 沈萍,陈向东. 微生物学实验[M]. 北京:高等教育出版社,2007.
[19] 盛祖嘉. 微生物遗传学[M]. 北京:科学出版社,1987.
[20] 史青,柏耀辉,李宗逊,等. 应用 T-RFLP 技术分析滇池污染水体的细菌群落[J]. 环境科学,2011,32(6):1786-1792.
[21] 宋大新,范长胜,徐德强,等. 微生物学实验技术教程[M]. 上海:复旦大学出版社,1993.
[22] 王国惠. 环境工程微生物学实验[M]. 北京:化学工业出版社,2012.
[23] 王国惠. 环境工程微生物学原理及应用[M]. 北京:中国建材工业出版社,1998.
[24] 王洪媛,江晓路,管华诗,等. 微生物生态学一种新研究方法-T-RFLP 技术[J]. 微生物学通报,2004,31(6):90-94.
[25] 王兰. 环境微生物学实验方法与技术[M]. 北京:化学工业出版社,2009.
[26] 王钦升,周正明,高屹,等. 实用医学培养基手册[M]. 北京:人民军医出版社,1999.
[27] 王曙光. 环境微生物研究方法与应用[M]. 北京:化学工业出版社,2008.
[28] 魏群. 分子生物学实验指导[M]. 北京:高等教育出版社,1999.
[29] 向少能,陈琳,何晓丽,等. 水体微生物多样性 PCR-DGGE 分析方法的比较研究[J]. 重庆工学院学报(自然科学版),2007,21(7):74-78,97.
[30] 邢秀琴. RAPD 技术的应用[J]. 食品科技,2010,35(12):314-316.

[31] 张纪忠. 微生物分类学[M]. 上海:复旦大学出版社,1990.

[32] 张琼琼,黄兴如,郭逍宇. 基于 T-RFLP 技术的不同水位梯度植物根际细菌群落多样性特征分析[J]. 生态学报, 2016, 36(14): 4518-4530.

[33] 赵斌,何绍江. 微生物学实验[M]. 北京:科学出版社,2002.

[34] 郑平. 环境微生物学实验指导[M]. 杭州:浙江大学出版社,2005.

[35] 周德庆,徐德强. 微生物学实验教程[M]. 第 3 版. 北京:高等教育出版社,2013.

[36] 周德庆. 微生物学教程[M]. 第 3 版. 北京:高等教育出版社,2011.

[37] 周德庆. 微生物学实验教程[M]. 北京:高等教育出版社,2006.

[38] 周群英,高廷耀. 环境工程微生物学[M]. 北京:高等教育出版社,2000.

[39] 周群英,王士芬. 环境工程微生物学[M]. 北京:高等教育出版社,2008.

[40] 朱国锋,吴兰,李思光. RFLP 技术在湖泊微生物多样性研究中的应用[J]. 环境科学与技术,2008,31(11):9-12,17.